FORSCHUNGSBERICHTE
DES WIRTSCHAFTS- UND VERKEHRSMINISTERIUMS
NORDRHEIN-WESTFALEN

Herausgegeben von Staatssekretär Prof. Leo Brandt

Nr. 70

Wäschereiforschung Krefeld

Trocknen von Wäschestoffen
II. Kontakttrocknung: Untersuchungen über den Trockenvorgang
und die Wäschebeanspruchung bei der Kontakttrocknung

Als Manuskript gedruckt

SPRINGER FACHMEDIEN WIESBADEN GMBH

1954

ISBN 978-3-663-12806-9   ISBN 978-3-663-14294-2 (eBook)
DOI 10.1007/978-3-663-14294-2

Forschungsberichte des Wirtschafts- und Verkehrsministeriums Nordrhein-Westfalen

G l i e d e r u n g

I. Einführung . . . . S. 5
   Allgemeines über Kontakttrocknung . . . . S. 5

II. Der Trockenvorgang bei der Kontakttrocknung . . . . . . S. 5
   1. Aufgabenstellung . . . . S. 5
   2. Versuchsplanung und -durchführung . . . . S. 6
   3. Versuchsergebnisse . . . . S. 7
      a) Feuchtigkeitsabnahme in Abhängigkeit von
         der Preßzeit. . . . . S. 8
      b) Trockenzeit in Abhängigkeit von der Preß-
         temperatur bei verschiedener Ausgangs-
         feuchtigkeit . . . . S. 9
      c) Trockenzeit in Abhängigkeit von der Aus-
         gangsfeuchte bei verschiedener Preßtemperatur . . S. 9
      d) Einfluß des Preßdruckes auf die Trockenzeit
         bei verschiedener Preßtemperatur . . . . S. 11
      e) Trockenzeit in Abhängigkeit von der Zahl der
         Gewebelagen und dem m^2-Gewicht des Gewebes . . . S. 13
      f) Einfluß von Faserart und Fadenverband auf
         den Trockenvorgang . . . . S. 14

III. Untersuchungen über das Sengen von Wäschestoffen
    bei der Kontakttrocknung . . . . S. 15
   1. Aufgabenstellung . . . . S. 15
   2. Versuchsplanung und -durchführung . . . . S. 15
   3. Versuchsergebnisse . . . . S. 15
      a) Sengzeit in Abhängigkeit von der Preßtemperatur
         bei verschiedener Ausgangsfeuchtigkeit . . . . . S. 16
      b) Sengzeit in Abhängigkeit vom Preßdruck
         bei verschiedener Preßtemperatur . . . . S. 16
      c) Sengzeit bei Mehrschicht-Gewebe und Gewebe
         mit verschiedenem m^2-Gewicht. . . . . S. 17
      d) Einfluß der Faserart auf das Sengverhalten . . . S. 18
      e) Trockenzeit in Abhängigkeit von der Zahl der
         Gewebelagen unter Berücksichtigung des Seng-
         verhaltens . . . . S. 18

Forschungsberichte des Wirtschafts- und Verkehrsministeriums Nordrhein-Westfalen

IV. Untersuchungen über Wäschebeanspruchung
   bei der Kontakttrocknung . . . . S. 21
   1. Aufgabenstellung . . . . S. 21
   2. Versuchsplanung und -durchführung . . . . S. 21
   3. Versuchsergebnisse . . . . S. 24
      a) Naßfestigkeitsabfall in Abhängigkeit von der
         Preßtemperatur für Baumwolle, Leinen und Zell-
         wolle bei konstanter Preßzeit und Preßzahl . . . S. 24
      b) Naßfestigkeits-, Scheuerzahl und DP-Abfall in
         Abhängigkeit von der Behandlungszahl bei ver-
         schiedener Preßtemperatur und Preßzeit für
         Baumwoll - Zellwollgewebe . . . . S. 24

V. Zusammenfassung . . . . S. 39

Forschungsberichte des Wirtschafts- und Verkehrsministeriums Nordrhein-Westfalen

I. Einführung

Allgemeines über Kontakttrocknung

Die Kontakttrocknung unterscheidet sich im wesentlichen von den anderen Trocknungsarten, wie Lufttrocknung und Strahlungstrocknung, durch die Art der Wärmeübertragung. Während die Lufttrocknung Luft als Wärmeüberträger benutzt und bei Strahlungstrocknung die Wärmeenergie durch Strahlung übertragen wird, erfolgt bei der Kontakttrocknung direkte Berührung des Trockengutes mit beheizten Metallkörpern. Die auf diese Weise aus dem Gewebe verdampfte Feuchtigkeit wird meist zunächst von einer weichen Preßunterlage aus Molton, Fries oder Filz aufgenommen, um sie dann nach Entfernen des beheizten Metallkörpers und des Wäschestückes an die umgebende bzw. durch die Preßunterlage hindurchgesaugte Luft abzugeben.

Die nach dem Prinzip der Kontakttrocknung arbeitenden und in Wäschereien eingesetzten Geräte und Maschinen sind: Plätteisen, Mangeln und Plättpressen.

Neben der eigentlichen Trocknung haben diese Geräte noch die Aufgabe, den Wäschestoff zu glätten und ihm ein gutes Aussehen zu geben.

II. Der Trockenvorgang bei der Kontakttrocknung

1. Aufgabenstellung

Der Trockenvorgang bei der Kontakttrocknung von Wäschestoffen hängt von einer Reihe von Faktoren ab, z.B.: Temperatur, Zeit, Preßdruck, Feuchtigkeitsgehalt des Stoffes, Faserart, Stoffart (Gewebe, Gewirke), Einschicht-, Mehrschicht-Gewebe, m^2 - Gewicht des Gewebes.

Es war Aufgabe der Untersuchung festzustellen, wie sich der Trockenvorgang unter dem Einfluß dieser Faktoren abspielt, wobei der Wäschestoff aus einem Zustand bestimmter Feuchtigkeit in den lufttrockenen Zustand überführt wird.

Forschungsberichte des Wirtschafts- und Verkehrsministeriums Nordrhein-Westfalen

2. Versuchsplanung und -durchführung

Die Versuche wurden labormäßig durchgeführt. Die benutzte Apparatur ist schematisch dargestellt (siehe Versuchsschema) Abbildung 1.

Als Wärmequelle und Kontaktheizkörper fand ein elektrisch beheizter mit einstellbarer Temperaturregelung versehener Bügler Verwendung. Die Sohlentemperatur des Büglers wurde thermoelektrisch gemessen. Eine Änderung des Preßdrucks erfolgt durch Auflegen verschiedener Gewichte auf den Bügler. Die Preßunterlage aus Molton lag auf der gelochten Oberseite eines Absaugekastens, der an einen Exhaustor angeschlossen war. Ein mit Wasser gefülltes U-Rohr zeigte den Saugdruck an, der bei aufliegender Bügelsohle etwa 150 mm WS betrug. Damit war die Gewähr gegeben, daß die Preßunterlage nach jedem Versuch, infolge der durchgesaugten Luft, in kurzer Zeit getrocknet wurde und für alle Versuche gleiche Ausgangsbedingungen vorlagen.

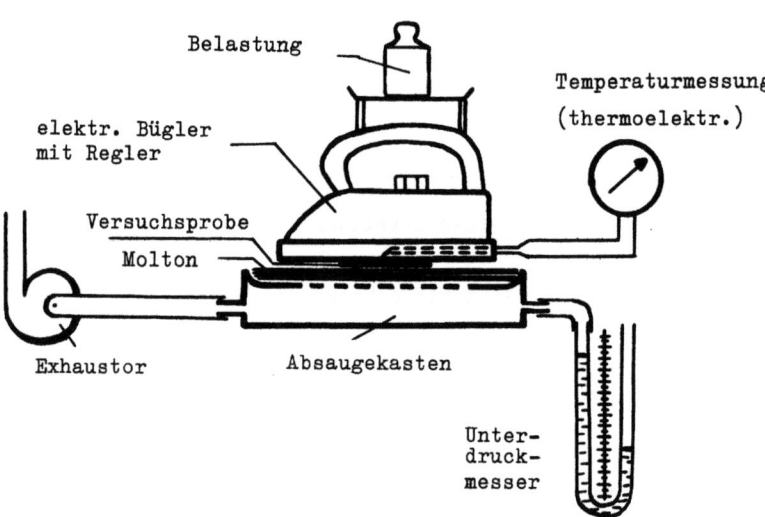

Abbildung 1.
Versuchsschema

Forschungsberichte des Wirtschafts- und Verkehrsministeriums Nordrhein-Westfalen

Die Bestimmung des Feuchtigkeitsgehaltes der Versuchsgewebe erfolgte durch Wägen im lufttrockenen und feuchten Zustand. Somit ergab sich

$$\frac{\text{Probegewicht (feucht)} - \text{Probegewicht (lufttrocken)}}{\text{Probegewicht (lufttrocken)}} \times 100$$

= Feuchtigkeitsgehalt (%)

d.h. die Versuchsprobe wurde als trocken angesehen, wenn sich nach dieser Gleichung ein Feuchtigkeitsgehalt von 0 % ergibt. Das Gewebe enthält dabei aber noch etwas Feuchtigkeit, die, bezogen auf das absolute Trockengewicht, je nach Faserart und relativer Luftfeuchtigkeit 8 - 16 % betragen kann. Der hier zu Grunde gelegte Zustand "lufttrocken" ist für ein Normalklima von ca. $20°$ und 65 % relativer Luftfeuchtigkeit zu verstehen. Eine genaue Klimatisierung der Proben im Rahmen dieser Untersuchung erübrigte sich jedoch.

Unter dem <u>Preßdruck</u> (kg/cm^2) versteht man die Belastung der Versuchsprobe, infolge Eigengewicht des Büglers und Zusatzgewicht, bezogen auf die Fläche der Versuchsprobe, die immer kleiner war als die Sohlenfläche des Büglers.

Die Messung der <u>Preßzeit</u> vom Zeitpunkt des Aufsetzens des Büglers auf die Probe bis zum Abheben von der Probe erfolgte mit einer Stoppuhr. Um ein unterschiedliches Nachtrocknen zu vermeiden, wurden die Proben sofort nach dem Abheben des Büglers in ein Wägegläschen gegeben und mit diesem gewogen.

3. Versuchsergebnisse

Trockenvorgang

Um den Einfluß von Temperatur, Zeit, Feuchtigkeitsgehalt, Druck und Einfach- sowie Mehrfachgewebe auf den Trockenverlauf eines Gewebes bei der Kontakttrocknung zu erfassen, wurde zunächst nur mit einem Standard-Zellwollgewebe (180 g/m^2, Garnnummer 34 m/g, 30 Fäden/cm) gearbeitet. Die Gleichmäßigkeit dieses Gewebes gab die Gewähr für eine verhältnismäßig geringe Streuung der Meßwerte.

a) Feuchtigkeitsabnahme in Abhängigkeit von der Preßzeit

Abbildung 2 zeigt die Abnahme der Feuchtigkeit des Gewebes mit der Preßzeit während des Trockenvorganges. Der Preßdruck wurde konstant gehalten und entsprach etwa dem Druck, der durch das Eigengewicht eines 3,5 kg schweren Büglers auf das Bügelgut ausgeübt wird, wenn er mit seiner ganzen Fläche aufliegt.

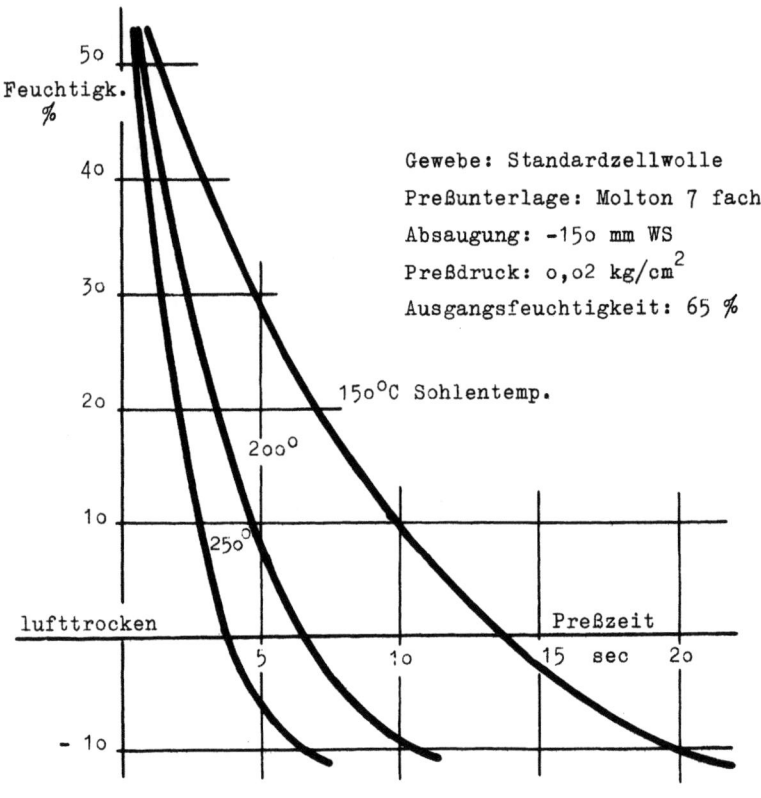

A b b i l d u n g   2
Feuchtigkeitsabnahme in Abhängigkeit von der Preßzeit

Man erkennt deutlich, daß die Trockengeschwindigkeit im Verlauf der Trocknung abnimmt, d.h. man benötigt für die Entfernung einer bestimmten Feuchtigkeitsmenge gegen Ende des Trockenvorganges mehr Zeit als zu Anfang.

Trocknet man über den Zustand "lufttrocken" hinaus, so macht sich diese Erscheinung noch stärker bemerkbar. Die Kurve strebt schließlich immer flacher werdend dem Zustand "absolut trocken" zu. Mit zunehmender Temperatur zeigen die Kurven einen steileren Verlauf, d.h. die Trockenzeiten werden kürzer bei gleicher Ausgangsfeuchtigkeit. Man erkennt, daß die Trockenzeit nicht im gleichen Maße abnimmt, wie man die Temperatur erhöht.

b) Trockenzeit in Abhängigkeit von der Preßtemperatur bei verschiedener Ausgangsfeuchte

Um das in Abschnitt 3a) Gesagte besser zu zeigen, wurde in Abbildung 3 die Trockenzeit in Abhängigkeit von der Temperatur aufgetragen. Unter Trockenzeit ist diejenige Zeit zu verstehen, die benötigt wird, um das Gewebe vom feuchten Zustand in den Zustand "lufttrocken" zu bringen. Diese nicht lineare Abnahme der Trockenzeit mit der Temperatur hängt offenbar von mehreren Faktoren ab. Einmal wird sich dem Abströmen des verdampften Wassers aus Faser und Gewebe bei höherer Temperatur ein zunehmender Widerstand entgegensetzen, zum andern wird sich der Wärmeübergang durch rasche Austrocknung der an der Heizfläche anliegenden Fasern verschlechtern. Weiter ist aus der Abbildung 3 zu ersehen, daß mit abnehmendem Ausgangsfeuchtigkeitsgehalt die Kurven flacher verlaufen, d.h. bei gleichen Temperatursteigerungen weniger Trockenzeit gebraucht wird.

c) Trockenzeit in Abhängigkeit von der Ausgangsfeuchte bei verschiedener Preßtemperatur

In Abbildung 4 wird dies noch deutlicher. Hier sind die Trockenzeiten in Abhängigkeit vom Ausgangs-Feuchtigkeitsgehalt für verschiedene Temperaturen aufgetragen.

Man erkennt einen nahezu linearen Verlauf in dem untersuchten Bereich von 65 - 14 % Feuchtigkeit, d.h. senkt man z.B. durch besseres Ausschleudern den Feuchtigkeitsgehalt des Gewebes auf die Hälfte des bisherigen, so benötigt man praktisch auch nur die halbe Trockenzeit. Der Einfluß der Temperatur hebt sich auch hier deutlich heraus.

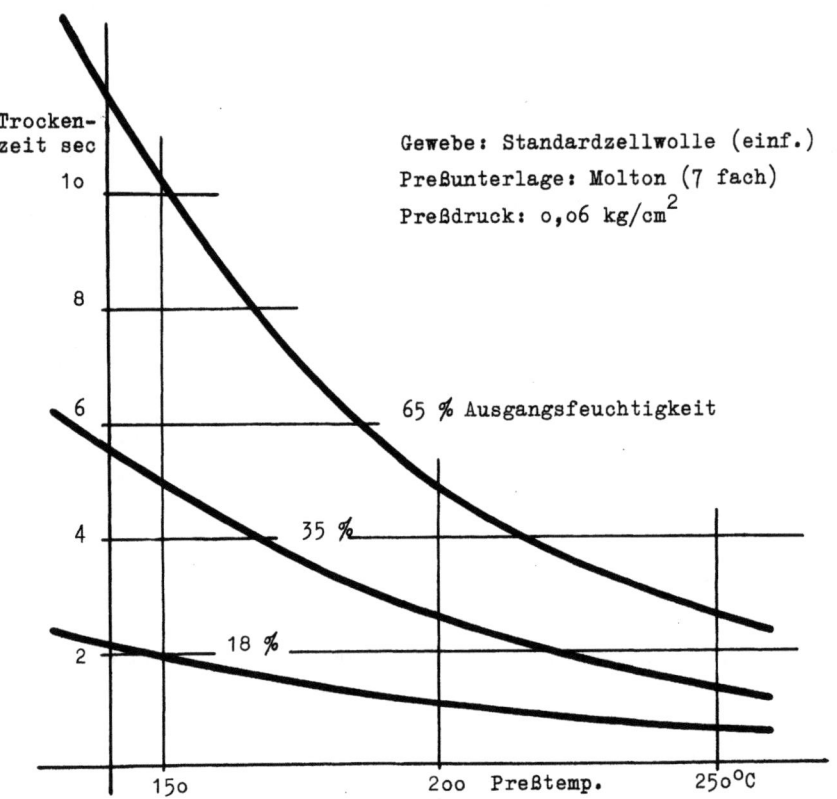

Abbildung 3
Trockenzeit in Abhängigkeit von Preßtemperatur
und Ausgangsfeuchtigkeit

Forschungsberichte des Wirtschafts- und Verkehrsministeriums Nordrhein-Westfalen

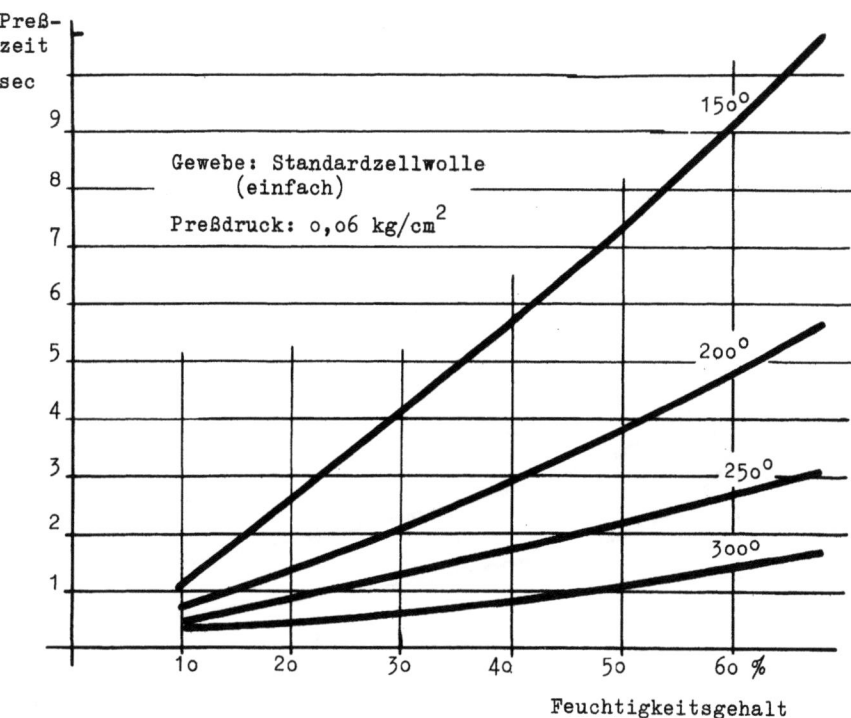

Abbildung 4
Trockenzeit in Abhängigkeit von der Ausgangsfeuchte
und der Preßtemperatur

d) Einfluß des Preßdruckes auf die Trockenzeit bei verschiedener Preßtemperatur

Abbildung 5 zeigt den Einfluß des Preßdruckes auf die Trockenzeit. Mit zunehmendem Preßdruck nehmen die Trockenzeiten ab. Bei einem Preßdruck von ca. 0,04 kg/cm^2 ist ein deutlicher Absatz im Kurvenverlauf festzustellen, d.h. die Trockenzeiten nehmen bei Drücken unter 0,04 kg/cm^2 rasch zu. Dies erklärt sich daraus, daß die Gewebefläche keinen richtigen Kontakt mehr mit der Metallfläche hat und somit infolge schlechten Wärmeübergangs lange Trockenzeiten nötig sind. Abgesehen davon ist

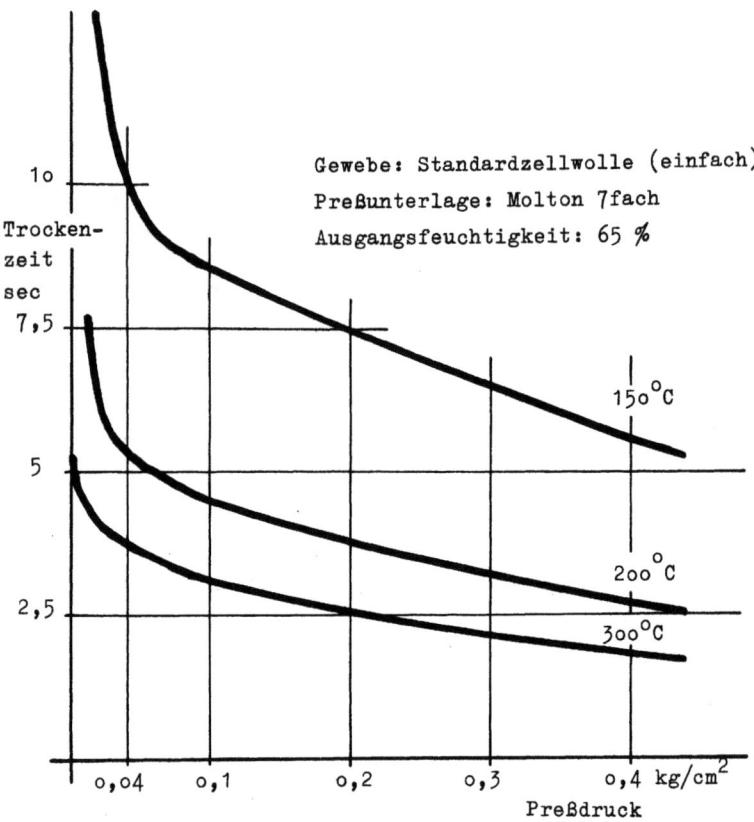

Abbildung 5
Trockenzeit in Abhängigkeit von Preßdruck und Temperatur

hierbei die erzielte Oberflächenglätte des Gewebes unzureichend. Oberhalb 0,04 kg/cm^2 nimmt die Trockenzeit in dem untersuchten Bereich bis 0,5 kg/cm^2 mit steigendem Druck nahezu linear ab. Es ist aber zu erkennen, daß sie bei weiterer Drucksteigerung schließlich einem Minimalwert zustrebt, der etwa dann erreicht wird, wenn das Gewebe an der Metallfläche vollkommen anliegt, so daß keine Steigerung des Wärmeüberganges mehr möglich ist.

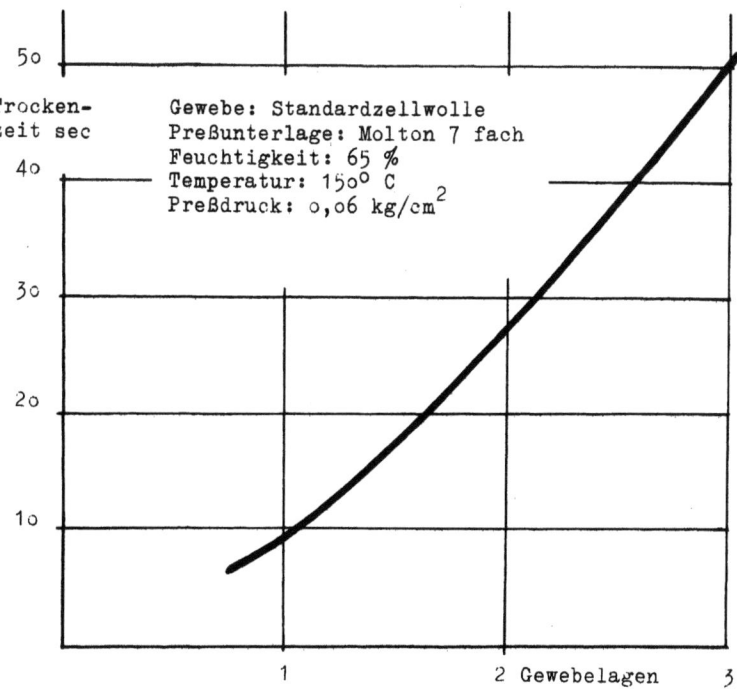

Abbildung 6
Trockenzeit in Abhängigkeit von der Zahl der Gewebelagen

e) **Trockenzeit in Abhängigkeit von der Zahl der Gewebelagen und m^2-Gewicht des Gewebes**

In der Praxis kommt es häufig vor, daß das Gewebe in Wäschestücken mehrschichtig vorliegt (Bettbezüge, Kopfkissen, Kragen, Manschetten usw.). Abbildung 6 zeigt die Trockenzeiten solcher 1-, 2- und 3-Schichtgewebe. Man erkennt, daß die Trockenzeiten der Mehrschicht-Gewebe nicht einfach im selben Maß wie die Anzahl der Schichten, sondern infolge der schlechter werdenden Wärmeübertragung stärker zunehmen. D.h. z.B. ein 2-fach-Gewebe braucht etwa das 3fache, ein 3-fach-Gewebe etwa das 5fache der Trockenzeit des Einfach-Gewebes. In diesem Zusammenhang wurden auch die Trockenzeiten eines verschieden schweren Einschicht-Gewebes ermittelt. Es handelt sich in diesem Fall um Baumwollgewebe mit einem m^2-Gewicht von 1oo, 2oo, 25o g/m². Die Trockenzeiten nahmen hierbei fast im selben Maß zu wie die Gewichte, d.h. die Baumwolle mit 2oo g/m² braucht etwa nur wenig mehr als die doppelte Zeit wie die Baumwolle mit 1oo g/m².

Daraus ist zu schließen, daß ein Einschicht-Gewebe mit bestimmtem m²-Gewicht schneller trocknet als ein Mehrschicht-Gewebe mit gleichem m²-Gewicht. Der Grund wird im wesentlichen in besserer Wärmeübertragung zu suchen sein.

f) Einfluß von Faserart und Fadenverband auf den Trockenvorgang

Um über den Einfluß der Faserart auf den Trockenvorgang ein Bild zu erhalten, wurde ein Leinengewebe (19o g/m²), ein Baumwollgewebe (186 g/m²) und ein Zellwollgewebe (18o g/m²) bei gleicher Ausgangsfeuchtigkeit (5o %), gleicher Temperatur (15o° C) und gleichem Druck o,o6 kg/cm² bis zum Zustand "lufttrocken" getrocknet. Bemerkenswerterweise konnte im Rahmen der erzielbaren Meßgenauigkeit praktisch kein Unterschied in den Trockenzeiten, die ca. 7 sec betrugen, festgestellt werden. Schließlich wurde noch eine __Wirkware__ aus Viscose-Reyon (194 g/m²) (8o m/g) von 5o % Ausgangsfeuchtigkeit bei 15o° C und o,o6 kg/cm² auf den Zustand "lufttrocken" getrocknet. Es ergab sich die etwas längere Trockenzeit von ca. 9 sec, was man wohl darauf zurückführen darf, daß der Fadenverband bei Wirkwaren im allgemeinen etwas lockerer ist und infolge eines dadurch bedingten größeren Luftvolumens eine schlechtere Wäremübertragung stattfindet. Bei höherem Preßdruck wird dieser Unterschied jedoch sehr wahrscheinlich kaum noch vorhanden sein, da infolge der Pressung innerhalb des Fadenverbandes ein gleich guter Wäremekontakt vorhanden ist wie bei den Geweben.

Soviel sei über Versuche berichtet, die sich mit dem Trockenvorgang als solchen beschäftigen, wobei das Trockengut nur bis zum Zustand "lufttrocken" getrocknet wurde. Es wurde dabei keine Rücksicht darauf genommen, ob auf der Oberfläche des Trockengutes bereits ein Versengen eintrat.

Forschungsberichte des Wirtschafts- und Verkehrsministeriums Nordrhein-Westfalen

III. Untersuchungen über das Sengverhalten von Wäschestoffen bei der Kontakttrocknung

1. Aufgabenstellung

Es sollten Untersuchungen angestellt werden über das Sengeverhalten von Wäschestoffen unter dem Einfluß von Preßtemperatur, Zeit, Feuchtigkeit, Preßdruck, Einschicht-, Mehrschichtgewebe, m^2-Gewicht des Gewebes, Faserart.

2. Versuchsplanung und -durchführung

Zur Feststellung des Sengverhaltens von Geweben, unter dem Einfluß der obengenannten Faktoren, wurde ebenfalls die schon beschriebene Apparatur (Abbildung 1) benutzt. Eine Beurteilung des Sengens erfolgte aus dem Grad des Aufleuchtens der versengten Gewebeoberfläche unter der Quarzlampe. Das ultra-violette Licht läßt ein Sengen der Gewebeoberfläche schon dann erkennen, wenn bei Tageslicht noch nichts zu erkennen ist. Hierbei mußte sorgsam darauf geachtet werden, daß die Versuchsproben keine künstlichen Aufheller oder Alkalireste enthielten.

Eine Standard-Sengung, dadurch gekennzeichnet, daß sie unter der Quarzlampe gerade noch zu erkennen war, diente als Vergleichsstab. Dieses Abmusterungsverfahren kann natürlich nur in erster Annäherung zur Beurteilung einer Faser- bzw. Gewebeschädigung durch Hitzeeinwirkung herangezogen werden. Es ist aber als sicher anzunehmen, daß die bei dem für diese Versuche zugrunde gelegten Sengkriterium eine Gewebeschädigung im Sinne einer Festigkeits- und Durchschnittspolymerisation (DP-) Abnahme erst nach vielen Wiederholungen des Preß- und Erhitzungsvorganges meßbar ist. Die angewendete Meßmethode dürfte daher Werte ergeben, die in erster Annäherung als zulässig betrachtet werden können.

3. Versuchsergebnisse

Da bei der Kontakttrocknung die Wärme nur von der Oberseite des Gewebes in das Trockengut hineinfließt, werden die an der Heizfläche anliegenden Fasern zuerst trocken. Ein Versengen dieser Fasern ist aber solange nicht zu befürchten, wie noch genügend Feuchtigkeit aus dem Gewebeinnern in diese Außenfasern infolge Kapillareinwirkung einströmen kann. Dieses Sengen tritt erst dann ein, wenn entweder alle Feuchtigkeit verdampft ist, oder bei Anwendung hoher Temperaturen die Kapillarwirkung nicht ausreicht, diese zuerst gefährdeten Oberflächenfasern durch genügende Feuchtigkeitszufuhr vor der Überhitzung zu schützen.

a) Sengzeit in Abhängigkeit von der Preßtemperatur bei verschiedener Ausgangsfeuchtigkeit

Abbildung 7 zeigt die Zeit, bei der Oberflächensengen in Abhängigkeit von der Preßtemperatur auftritt. Es handelt sich dabei um das Standard-Zellwollgewebe (180 g/m^2) mit verschiedener Ausgangsfeuchtigkeit. Der Preßdruck (0,06 kg/cm^2) wurde konstant gehalten. Man erkennt, daß bei höheren Temperaturen schon geringe Preßzeiten genügen, um ein Sengen zu bewirken, z.B. sind es bei 250° C nur 1-5 sec, je nach dem Feuchtigkeitsgehalt des Gewebes. Mit abnehmender Temperatur läßt die Sengempfindlichkeit in stärkerem Maß nach als die Temperatur. So beträgt beispielsweise die Sengzeit für ein Gewebe mit 65 % Feuchtigkeit bei 160° C ca. 60 sec. Bei noch tieferen Temperaturen wird der Kurvenverlauf noch flacher. Das bedeutet für die Praxis, daß hierbei die Anwendung einer etwas längeren Preßzeit nicht gleich die Gefahr des Versengens heraufbeschwört, wogegen die Anwendung hoher Temperaturen ein sehr genaues Einhalten der Preßzeit verlangt, um ein Sengen zu vermeiden.

Der Feuchtigkeitsgehalt des Trockengutes verringert die Sengempfindlichkeit. Z.B. benötigt ein Gewebe mit 50 % Feuchtigkeit bei 180° C etwa die doppelte Zeit, wie ein Gewebe mit 0 %, wenn es denselben Senggrad erreichen soll. Bei höheren Temperaturen ist es (bezogen auf die Zeit bei 0 % Feuchtigkeit) etwas mehr, bei niedrigen etwas weniger. Für die Praxis hat es allerdings mehr Bedeutung zu wissen, daß der höhere Feuchtigkeitsgehalt die Sengzeit bei hohen Temperaturen absolut gesehen nur wenig erhöhen kann, dagegen bei niedrigen Temperaturen ganz erheblich.

b) Sengzeit in Abhängigkeit vom Preßdruck bei verschiedener Preßtemperatur

Auch der Preßdruck hat einen gewissen Einfluß auf das Sengverhalten. Ein hoher Preßdruck bringt mehr Außenfasern mit der Heizfläche in Berührung, so daß das Sengbild bei sonst gleich gehaltenen Bedingungen kräftiger

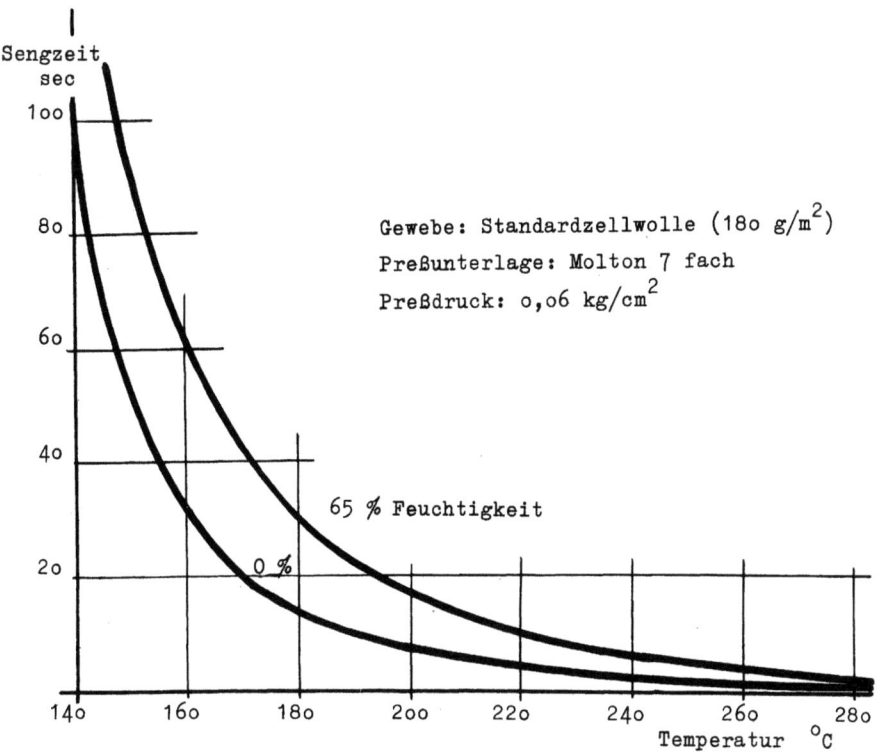

Abbildung 7
Sengzeit bei verschiedener Preßtemperatur und Ausgangsfeuchtigkeit

erscheint. Die Temperaturhöhe spielt hier auch eine Rolle. Z.B. werden bei 250° C, einem Feuchtigkeitsgehalt von 65 % und einem Preßdruck von 0,06 kg/cm^2 zur Erzeugung eines bestimmten Sengbildes 5 sec benötigt, bei 0,33 kg/cm^2 nur 3 sec. Je kleiner die Temperatur ist, desto geringer sind die Unterschiede. Bei 150° C konnte praktisch kein Unterschied festgestellt werden.

c) Sengzeit bei Mehrschicht-Gewebe und Gewebe mit verschiedenem m^2-Gewicht

Mehrschicht-Gewebe und Gewebe mit höherem m^2-Gewicht zeigten je nach Feuchtigkeitsgehalt und Temperatur nur geringe Zunahme der Sengzeiten. Dies erklärt sich wohl aus der Tatsache, daß die an der Heizfläche anliegenden

Fasern trotz des Vorhandenseins größerer Feuchtigkeitsmenge im Gewebe besonders bei höheren Temperaturen infolge der größeren Gewebedicke nicht mehr ausreichend mit Feuchtigkeit versorgt werden können, um den Sengpunkt hinaus zu schieben.

d) Einfluß der Faserart auf das Sengverhalten

Über den Einfluß der Faserart auf das Sengverhalten eines Trockengutes geben einige Versuche Aufschluß mit den oben schon erwähnten Geweben aus Zellwolle, Baumwolle und Leinen (Abbildung 8). Grundsätzlich kann gesagt werden, daß die Unterschiede verhältnismäßig gering sind und sich deshalb nicht unbedingt verallgemeinern lassen. Es wurde zwecks Vereinfachung der Versuchsdurchführung mit lufttrockenem Gewebe gearbeitet.

Z.B. betrugen die Sengzeiten bei einem Preßdruck von 0,06 kg/cm^2 und 250° C für Baumwolle 3 sec, für Zellwolle 2 sec, für Leinen 1,5 sec. Die entsprechenden Werte bei 200° C sind 10, 7, 5 sec und bei 170° C 30, 21, 15 sec. Man erkennt, daß mit abnehmender Temperatur der Unterschied bei den einzelnen Faserarten größer wird.

e) Trockenzeit in Abhängigkeit von der Zahl der Gewebelagen unter Berücksichtigung des Sengverhaltens

Diese aus den Sengversuchen gewonnenen Erkenntnisse lassen sich nun auf die Trockenvorgänge übertragen. Abbildung 9 zeigt für die Standard-Zellwolle die Abhängigkeit der Trockenzeit von Anzahl der Gewebelagen und Temperatur. Es läßt sich eine Senggrenze aus Abbildung 7 einzeichnen. Rechts von dieser Grenzkurve liegt das Gebiet des Sengens, d.h. wird ein Gewebe unter den Bedingungen dieses Gebietes getrocknet, so ist ein Sengen unvermeidlich. Verkürzt man hierbei die Trockenzeit, um ein Sengen zu verhindern, so wird das Gewebe nicht trocken. Ein kurzzeitiges, mehrmaliges Pressen könnte allerdings auch hier den gewünschten Trocknungsgrad ohne Sengen bringen. Es wäre zu untersuchen, ob bei einer solchen unterbrochenen Kontakttrocknung noch eine Steigerung der Trockenleistung möglich ist (evtl. bei Mehrrollenmangeln).

Ein Einschicht-Gewebe kann mit Temperaturen bis nahe 300° C ohne Sengen in einem Preßgang bis zum Zustand "lufttrocken" gebracht werden. Beim Zweischicht-Gewebe liegt die Grenztemperatur bei ca. 200° C, beim Dreischicht-Gewebe bei ca. 175° C.

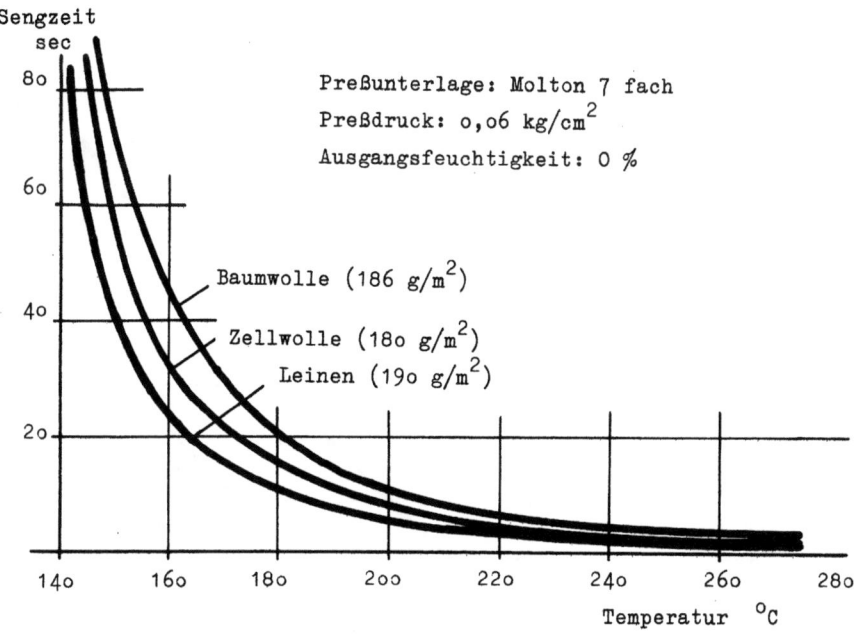

A b b i l d u n g   8

Sengzeit bei verschiedener Preßtemperatur und Faserart

Betrachtet man in diesem Zusammenhang die theoretisch erreichbare Trockenleistung, so ergibt sich z.B. für die untersuchte Zellwolle mit 180 g/m^2, einer Ausgangsfeuchtigkeit von 65 % und einem Preßdruck von 0,06 kg/cm^2 je m^2 beheizter Preßfläche:

Einschicht	300 kg/h	(300° C)	90 kg/h	(175° C)
Zweischicht	85 kg/h	(190° C)	65 kg/h	(175° C)
Dreischicht	55 kg/h	(175° C)	55 kg/h	(175° C)

In ähnlicher Weise wirkt sich ein unterschiedliches m^2-Gewicht des Gewebes aus. Ein leichtes Gewebe wird man mit verhältnismäßig hoher Temperatur ohne zu sengen in sehr kurzer Zeit trocken bekommen, während man bei schweren Geweben mit der Temperatur heruntergehen muß und damit lange Trockenzeiten benötigt.

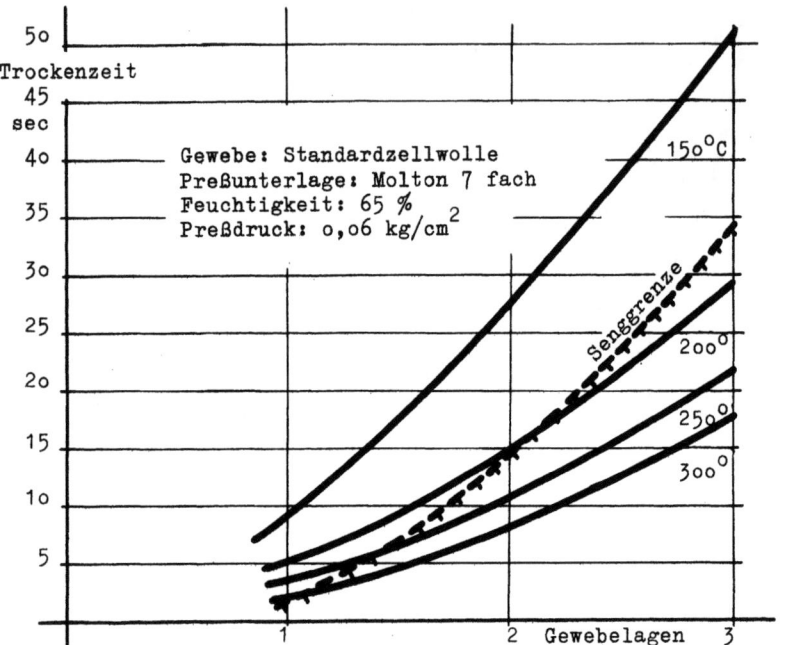

Abbildung 9
Trockenzeit in Abhängigkeit von der Zahl der
Gewebelagen unter Berücksichtigung des Sengverhaltens

Forschungsberichte des Wirtschafts- und Verkehrsministeriums Nordrhein-Westfalen

IV. Untersuchung über Wäschebeanspruchung bei der Kontakttrocknung

1. Aufgabenstellung

Unter Wäschebeanspruchung ist im Rahmen dieser Untersuchung eine vorwiegend thermische Beanspruchung zu verstehen. Als Meßgrößen für diese Beanspruchung sollten die Reißfestigkeit die Knickscheuerzahl und der DP-Wert der Versuchsgewebe ermittelt werden. Ein orientierender Vorversuch an Probestreifen aus Baumwolle, Zellwolle und Leinen sollte zunächst klären, welche Reißfestigkeitsabnahme bei der thermischen Beanspruchung eines kontaktgetrockneten Gewebes entsteht. Der Hauptversuch sollte zeigen, wie sich ein Gewebe aus Zellwolle bzw. Baumwolle in Anlehnung an die Praxis verhält, wenn es zu wiederholten Malen verschiedenen Kontakttemperaturen und verschiedenen Preßzeiten unter jedesmaligem Zwischenwaschen ausgesetzt ist.

Neben der chemischen und mechanischen Beanspruchung der Gewebe durch das Waschen erfolgt beim anschließenden Trocknen (Kontakt- und Lufttrocknen) eine weitere Beanspruchung, die in erster Linie thermischer Art ist und von Trocknungstemperatur und -dauer sowie Wärmeübergang, Gewebe- bzw. Fasermaterial, Feuchtigkeitsgehalt des Gewebes usw. abhängt. Von besonderer Wichtigkeit ist die Frage der Übertrocknung eines Gewebes die eintritt, wenn die Wärme länger auf das Gewebe einwirkt, als sie zum Entzug der Feuchtigkeit notwendig ist.

2. Versuchsplanung und -durchführung

Die Versuche wurden labormäßig durchgeführt. Abbildung 1 zeigt die für die Kontakttrocknung benutzte Versuchsapparatur. Als Wärmequelle und Kontaktheizkörper fand ein elektrisch beheizter mit einstellbarer Temperaturreglung ausgestatteter Handbügler Verwendung. Die Messung der Sohlentemperatur erfolgte thermoelektrisch. Der Preßdruck (0,5 atü) wurde mittels Gewichtsbelastung über ein Hebelgestänge erzeugt. Die Preßunterlage aus Molton von bestimmter Preßfläche (100 cm^2) lag auf der gelochten Oberseite eines Absaugekastens, der an einen Exhaustor angeschlossen war. Der Saugdruck betrug etwa 150 mm WS. Die Versuchsproben hatten die Größe

400 mm (Kettrichtung) x 120 mm (Schußrichtung). Die Preßfläche lag in der Mitte der Probestreifen. Nach erfolgter Versuchsdurchführung wurden sie in vier 20 mm breite Streifen (Kettrichtung) für den Reiß- und Knickscheuerversuch aufgeteilt. Den gerissenen Streifen wurden dann noch aus dem gepreßten Teil die Proben für die Durchschnittspolymerisations-Prüfung entnommen. Da erfahrungsgemäß Gewebeschädigungen besser durch Naßfestigkeitsbestimmungen erfaßt werden, erfolgte ausschließlich Naßprüfung. Der Knickscheuerversuch wurde mit dem Knickscheuergerät nach Prof. WELTZIEN (Abbildung 10) vorgenommen. Die Vorlast betrug 700 g für die Standard-Baumwolle und 300 g für die Standard-Zellwolle. Die Daten der Versuchsgewebe waren folgende:

Standard-Baumwolle: m^2-Gewicht 178 g/m^2
                                   Garnnummer 34 m/g
                                   Fadenzahl 28/cm

Standard-Zellwolle: m^2-Gewicht 180 g/m^2
                                   Garnnummer 34 m/g
                                   Fadenzahl 30/cm

Leinen: m^2-Gewicht 175 g/m^2
                                   Garnnummer 30 m/g
                                   Fadenzahl 34/cm

Die Proben wurden zunächst einmal gewaschen und zwar in Weichwasser mit 3 g/l Soda und 2 g/l Seife (80 %ig) 10 min bei einem Flottenverhältnis von 1:30 abgekocht und anschließend alkalifrei gespült. Im weiteren Verlauf der Behandlung erfolgte eine Trennung nach Proben, die unter obigen Bedingungen nur 25, 50, 75 und 100 mal gewaschen und solche, die anschliessend einem jeweiligen Trockenschleudern und einer Kontakttrocknung bei 150, 200, 250° C unterworfen wurden. Bei den letzteren wurden außerdem noch drei verschiedene Preßzeiten angewendet. Als kürzeste Preßzeit wurde jeweils die für eine bestimmte Temperatur erforderliche Mindestpreßzeit genommen, die notwendig ist, um das Gewebe aus dem schleudernassen in den lufttrockenen Zustand zu bringen. Als weitere Preßzeiten wurde etwa das 2 und 3fache dieser Mindestzeit angewendet. Dabei ergaben sich Preßzeiten in der Größenordnung von 3 bis 30 sec.

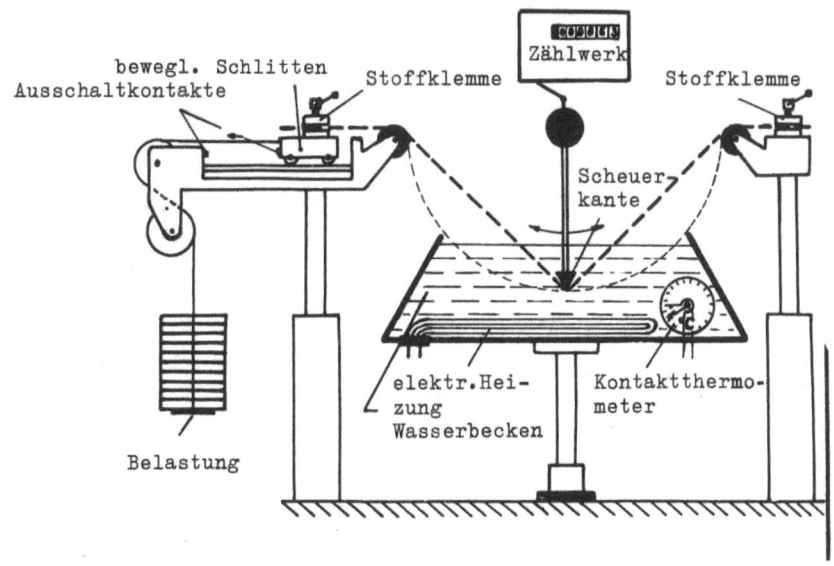

A b b i l d u n g 1o
Schema und Abbildung des Knickscheuerprüfers nach Prof. WELTZIEN

Forschungsberichte des Wirtschafts- und Verkehrsministeriums Nordrhein-Westfalen

3. Versuchsergebnisse

a) Naßfestigkeitsabfall in Abhängigkeit von der Preßtemperatur für Baumwolle, Leinen und Zellwolle bei konstanter Preßzeit und Preßzahl

Der Vorversuch mit Standard-Zellwolle, Standard-Baumwolle und Leinen wurde mit trockenen und schleudernassen Probestreifen gefahren. Die Preßzeit betrug 1o sec, die Anzahl der Pressungen 25, die Preßtemperatur 15o, 2oo und 25o° C.

Tabelle 1 und Abbildung 11 zeigen die Naßfestigkeit in % des Ausgangswertes in Abhängigkeit von der Preßtemperatur. Als Ausgangswert wurden die Prüfzahlen der 1 mal gewaschenen Gewebe genommen; er betrug für Zellwolle 16,6 kg/1oo für Baumwolle 42,o kg/1oo und für Leinen 58 kg/1oo Fäden. Man erkennt, daß Preßtemperaturen bis 15o° C unter den gegebenen Bedingungen noch keine Abnahme der Reißfestigkeit bringen. Bei 2oo° C ist jedoch schon ein merklicher Abfall festzustellen, im Mittel auf 93 % des Ausgangswertes. Sehr erheblich war der Abfall bei 25o° C, wo im Mittel ein Absinken auf 6o % eintritt. Bei diesen Proben war aber auch äußerlich schon eine erhebliche Bräunung festzustellen. Der Unterschied zwischen der prozentualen Festigkeitsabnahme von Zellwolle, Baumwolle und Leinen ist verhältnismäßig gering. Allerdings zeichnet sich bei 25o° C eine etwas grössere Empfindlichkeit des Leinens ab. Zwischen den trocken und den schleudernaß gepreßten Proben bestehen keine großen Unterschiede. Der Grund ist wohl darin zu suchen, daß die reine Trockenzeit bei 2oo° C und noch mehr bei 25o° C erheblich unter der angewendeten Preßzeit liegt. Infolgedessen war die abkühlende Wirkung des verdampfenden Wassers zu gering, um sich auszuwirken.

b) Naßfestigkeits-, Scheuerzahl- und DP-Wertabfall in Abhängigkeit von der Behandlungszahl bei verschiedener Preßtemperatur und Preßzeit für Baumwoll- und Zellwollgewebe

Der Hauptversuch mit Standard-Zellwolle und Standard-Baumwolle wurde in Anlehnung an die Praxis mit wechselweisem Waschen, Schleudern und Pressen durchgeführt. Um den Versuch nicht zu sehr zu komplizieren, wurde auf die Einschaltung eines Bleichvorganges beim Waschen verzichtet. Ebenso erfolgte keine mechanische Bearbeitung der Probestreifen während des

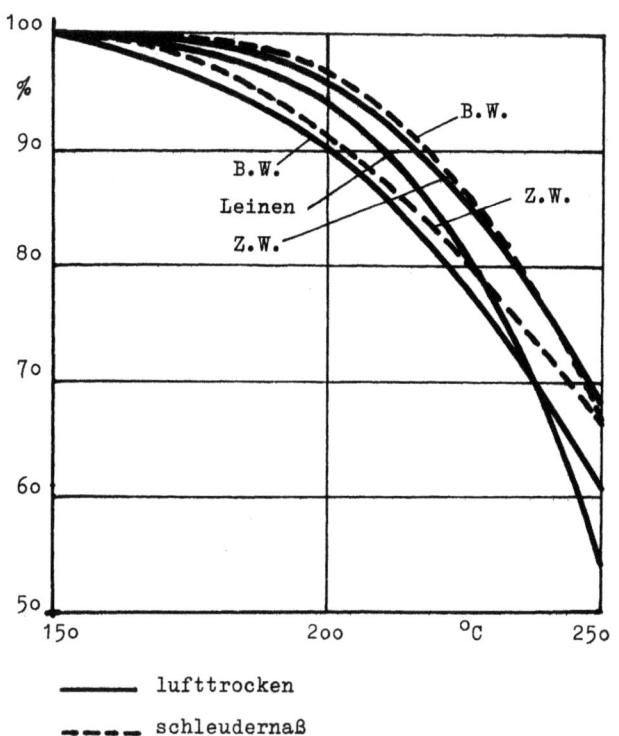

Abbildung 11
Naßfestigkeit in % des Ausgangswertes (1 mal gewaschen) bei
verschiedener Temperatur 25 mal 1o sec gepreßt

Forschungsberichte des Wirtschafts- und Verkehrsministeriums Nordrhein-Westfalen

Tabelle 1

Naßfestigkeit in % des Ausgangswertes (1 mal gewaschen)

	150°	200°	250°	
trocken gepreßt 25 x 1o sec.				
Zellwolle	1oo	96	69	%
Baumwolle	1oo	9o	61	%
Leinen	1oo	94	54	%
jeweils 2 Stunden gewässert und schleudernaß 25 x 1o sec gepreßt.				
Zellwolle	1oo	92	67	%
Baumwolle	1oo	97	67	%

Waschens, um möglichst nur die Einwirkung der Temperatur und Preßzeit zu erfassen. Bei dieser Abweichung vom praktischen Waschvorgang ist jedoch nicht anzunehmen, daß sich dadurch ein wesentlich anderes Bild der erhaltenen Abhängigkeiten wie beim praktischen Waschen und Bügeln bzw. Mangeln oder Pressen ergibt. Der Versuch lief über längere Zeit (2 Monate). Während dieser Zeit wurden die Proben nicht zwischendurch luftgetrocknet. Sie wurden also dauernd im feuchten Zustand gehalten. Zwischen den Versuchen wurden sie jeweils in Weichwasser aufbewahrt.

Die Meßergebnisse sind in Tabelle 2 und 3 und in mehreren Diagrammen (Abbildungen 12 - 18) zusammengestellt.

Abbildung 12 zeigt für Standard-Zellwolle die Naßfestigkeit in % des Ausgangswertes in Abhängigkeit von der Anzahl der Wasch- und Preßgänge bei verschiedenen Temperaturen und Preßzeiten. Es werden gegenübergestellt nur gewaschenes und anschließend gepreßtes Gewebe. Die Naßfestigkeit nimmt mit steigender Behandlungszahl ab. Der Abfall ist umso steiler, je höher die Preßtemperaturen und je länger die Preßzeit gewählt werden. Es ist weiter zu erkennen, daß keine lineare Abhängigkeit zwischen Festigkeitsabfall und Behandlungszeit besteht. Vielmehr ist bei größerer Behandlungszahl eine Verflachung des Kurvenverlaufes festzustellen.

Forschungsberichte des Wirtschafts- und Verkehrsministeriums Nordrhein-Westfalen

Tabelle 2

Zellwolle

Behandlungszahl		1x	25x	50x	75x	100x
			nur gewaschen			
+) kg/100(%)		16,6(100)	15,8(95)	14,0(84)	12,3(74)	12,3(74)
Sch.Z.(%)		450 (100)	474 (105)	464 (103)	413 (92)	-
DP		270	240	222	220	212
	Preßzeit		gewaschen und gepreßt bei 150° C			
kg/100(%)	10 sec		14,8(89)	13,6(82)	13,2(79)	12,0(72)
Sch.Z.(%)						
DP						
kg/100(%)	20 sec		14,5(87)	12,8(77)	-	11,8(71)
Sch.Z.(%)			479 (106)	440 (98)	425 (94,5)	308 (68,5)
DP				234		
kg/100(%)	30 sec		15,0(90)	12,5(75)	13,2(79)	12,0(72)
Sch.Z.(%)			398 (88,5)	349 (77,5)	329 (73,0)	303 (67,2)
DP				223		205
			bei 200° C			
kg/100(%)	5 sec		15,8(95)	14,2(85)	12,3(74)	12,5(75)
Sch.Z.(%)			422 (94)	406 (89)	292 (65)	298 (66)
DP				220		
kg/100(%)	10 sec		15,7(94)	13,5(81)	12,3(74)	11,5(69)
Sch.Z.(%)			449 (100)	-	335 (74,5)	307 (68)
DP				218		197
kg/100(%)	20 sec		14,3(86)	12,7(76)	10,7(64)	8,7(52)
Sch.Z.(%)			376 (83,5)	294 (65,2)	-	140 (31)
DP				214		183
			bei 250° C			
kg/100(%)	3 sec		15,0(90)	13,0(78)	12,0(72)	10,8(65)
Sch.Z.(%)			389 (86,5)	354 (78,5)	-	260 (57,5)
DP				234		206
kg/100(%)	6 sec		13,8(83)	11,5(69)	8,8(54)	7,0(42)
Sch.Z.(%)			365 (79)	266 (59)	222 (49)	212 (47)
DP						188
kg/100(%)	10 sec		11,8(71)	4,2(25)	3,5(21)	-
Sch.Z.(%)			212 (47)	112 (25)	38 (9)	-
DP				186	184	

+) kg/100 = Naßfestigkeit pro 100 Fäden, Sch.Z. = Naßscheuerzahl
DP = Durchschnittspolymerisationsgrad

Tabelle 3

Baumwolle

Behand-lungszahl		1x	25x	50x	75x	100x
				nur gewaschen		
kg/100 (%)		41,0 (100)	41,0 (100)	39,3 (96)	39,9 (97)	38,8 (94,5)
Sch.Z. (%)		500 (100)	474 (95)	496 (97)	481 (96)	433 (87)
DP		1700	1480	1350	1320	1250
	Preßzeit			gewaschen und gepreßt bei 150° C		
kg/100 (%)	10 sec		40,5 (99)	37,8 (92,5)	39,6 (96,6)	37,5 (91,5)
Sch.Z. (%)						
DP						
kg/100 (%)	20 sec		42,0 (102)	39,2 (96)	38,7 (94)	38,4 (93)
Sch.Z. (%)			418 (83,6)	406 (81,2)	-	383 (76,5)
DP				1320		
kg/100 (%)	30 sec		41,2 (101)	39,0 (95)	39,1 (95)	36,3 (89)
Sch.Z. (%)			424 (84,7)	385 (77)	334 (66,4)	313 (62,5)
DP				1330		1160
				bei 200° C		
kg/100 (%)	5 sec		39,6 (96)	37,5 (92)	38,2 (93)	36,2 (88)
Sch.Z. (%)			413 (82,5)	434 (86,6)	401 (80,2)	446 (89)
DP				1280		
kg/100 (%)	10 sec		40,5 (99)	34,6 (84)	34,8 (85)	31,4 (76)
Sch.Z. (%)			436 (87)	414 (82,8)	396 (79)	410 (82)
DP				1175		885
kg/100 (%)	20 sec		34,4 (89)	29,1 (72)	26,3 (65)	24,4 (61)
Sch.Z. (%)			364 (72,5)	293 (58,5)	174 (34,2)	148 (29,6)
DP					880	815
				bei 250° C		
kg/100 (%)	3 sec		41,0 (100)	34,2 (84)	34,2 (84)	34,2 (84)
Sch.Z. (%)			519 (104)	426 (85)	432 (86)	380 (76)
DP				1200		1000
kg/100 (%)	6 sec		35,8 (89)	-	19,7 (48)	11,3 (49)
Sch.Z. (%)			296 (59	203 (40,5)	172 (34,4)	142 (28,4)
DP				890		695
kg/100 (%)	10 sec		31,4 (77)	21,0 (51)	14,6 (36)	8,6 (21)
Sch.Z. (%)			227 (45,5)	118 (23,6)	123 (24,6)	50,0 (10)
DP				610		580

Die Anwendung einer Preßtemperatur von 150° C bringt bei den angewendeten Preßzeiten von 1o, 2o und 3o sec gegenüber dem nur gewaschenen Gewebe praktisch keinen nennenswerten Abfall der Festigkeit. Eine Preßtemperatur von 2oo° C zeigt erst nach wesentlichem Überschreiten der Mindesttrockenzeit von 5 sec einen stärkeren Festigkeitsabfall gegenüber dem nur gewaschenen Gewebe, der bei 1oo maligem Pressen und 2o sec Preßdauer dann allerdings schon 52 % erreicht. Bei 25o° C zeigt sich auch schon bei der Mindesttrockenzeit von 3 sec ein gewisser Festigkeitsabfall, der mit zunehmender Preßzeit ein erhebliches Ausmaß annimmt. Z.B. ist das Gewebe nach 1oo Pressungen und 1o sec Preßzeit praktisch zerstört.

Abbildung 13 zeigt die Naßscheuerzahlen in % des Ausgangswertes bei dem Zellwollgewebe, dessen Anfangswert 45o Scheuerungen bei 3oo g Vorlast betrug, in Abhängigkeit von der Anzahl der Wasch- und Preßgänge. Auch hier zeigt sich eine Verflachung des Kurvenverlaufes bei größeren Wiederholungen. Allgemein kann gesagt werden, daß die Knickscheuerzahlen auf die thermische Beanspruchung des Gewebes empfindlicher ansprechen, als die Reißfestigkeiten. Während die Reißfestigkeit bei 15o° C keinen nennenswerten Abfall gegenüber dem nur gewaschenen Gewebe zeigt, liegen die Scheuerzahlen erheblich unter den Werten der nur gewaschenen Gewebe und erreichen nach 1oo Preßgängen und einer Preßzeit von 3o sec schon 68 % des Ausgangswertes gegenüber 95 % des 1oo mal nur gewaschenen Gewebes. Dasselbe zeigt sich auch bei 2oo° C und 25o° C. Z.B. bei 2oo° C, 1oo mal 1o sec gepreßt ergibt einen Scheuerzahlabfall auf 95 % (nur gewaschen) und auf 68 % (gewaschen und gepreßt). Die Reißfestigkeit dagegen fällt auf 76 % (nur gewaschen) und auf 68 % (gewaschen und gepreßt). Im ersten Fall ist die Differenz des Scheuerzahlabfalls 27 %, im zweiten Fall die Differenz des Reißfestigkeitsabfalls nur 8 %.

Abbildung 14 zeigt den Durchschnittspolymerisations (DP)-Abfall der unter den vorstehenden Bedingungen behandelten Proben aus Zellwolle in Abhängigkeit von den Wiederholungen. Der DP-Wert gibt den chemischen Faserabbau wieder, der mit Hilfe von Viscositätsmessungen bestimmt wird.

Man erkennt, daß die thermische Behandlung der Faser einen chemischen Faserabbau bringt, der sich besonders bei höherer Temperatur und größeren Preßzeiten, d.h. bei einer Übertrocknung der Fasern bemerkbar macht. Eine Preßtemperatur von 15o° C bewirkt praktisch noch keinen Abbau infolge

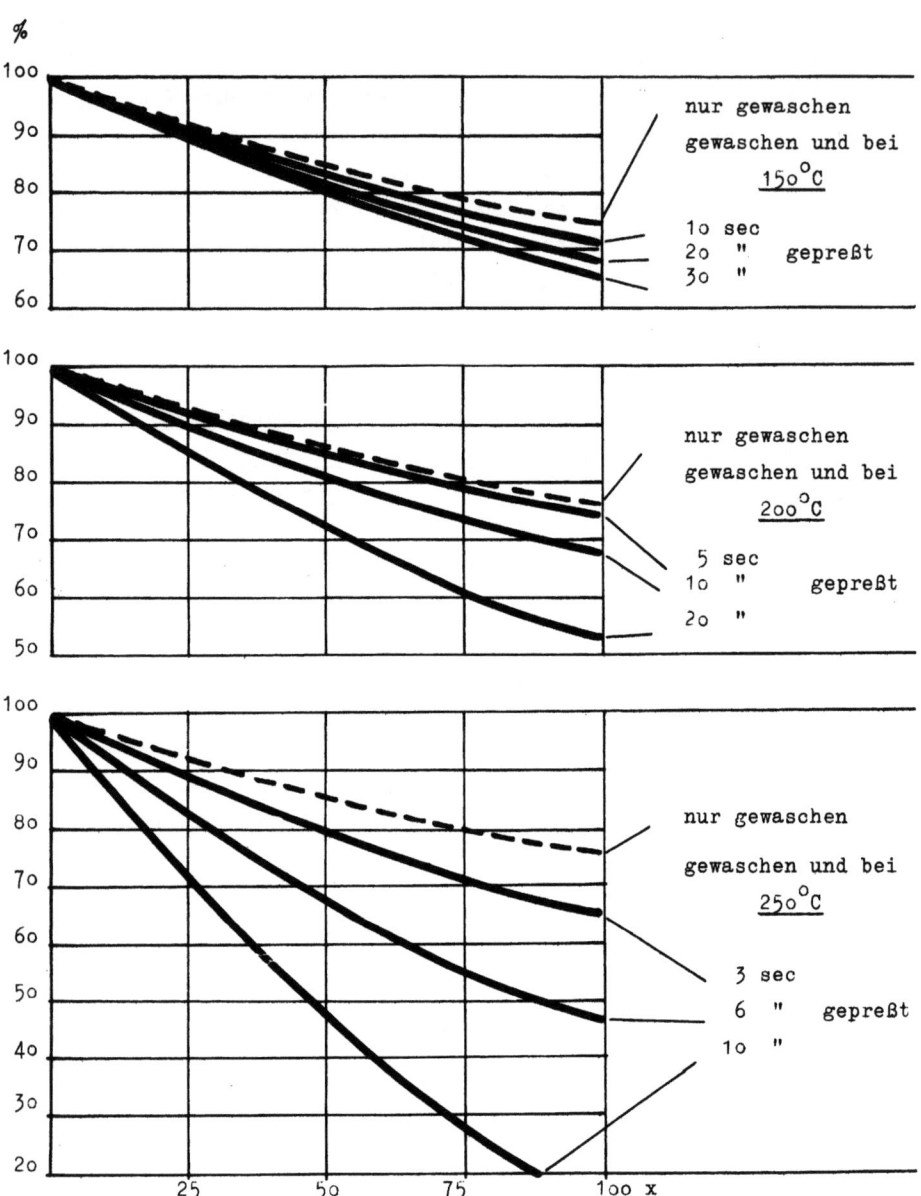

Abbildung 12
Naßfestigkeit in % des Ausgangswertes (1 mal gewaschen)
in Abhängigkeit von der Behandlungszahl
Zellwolle

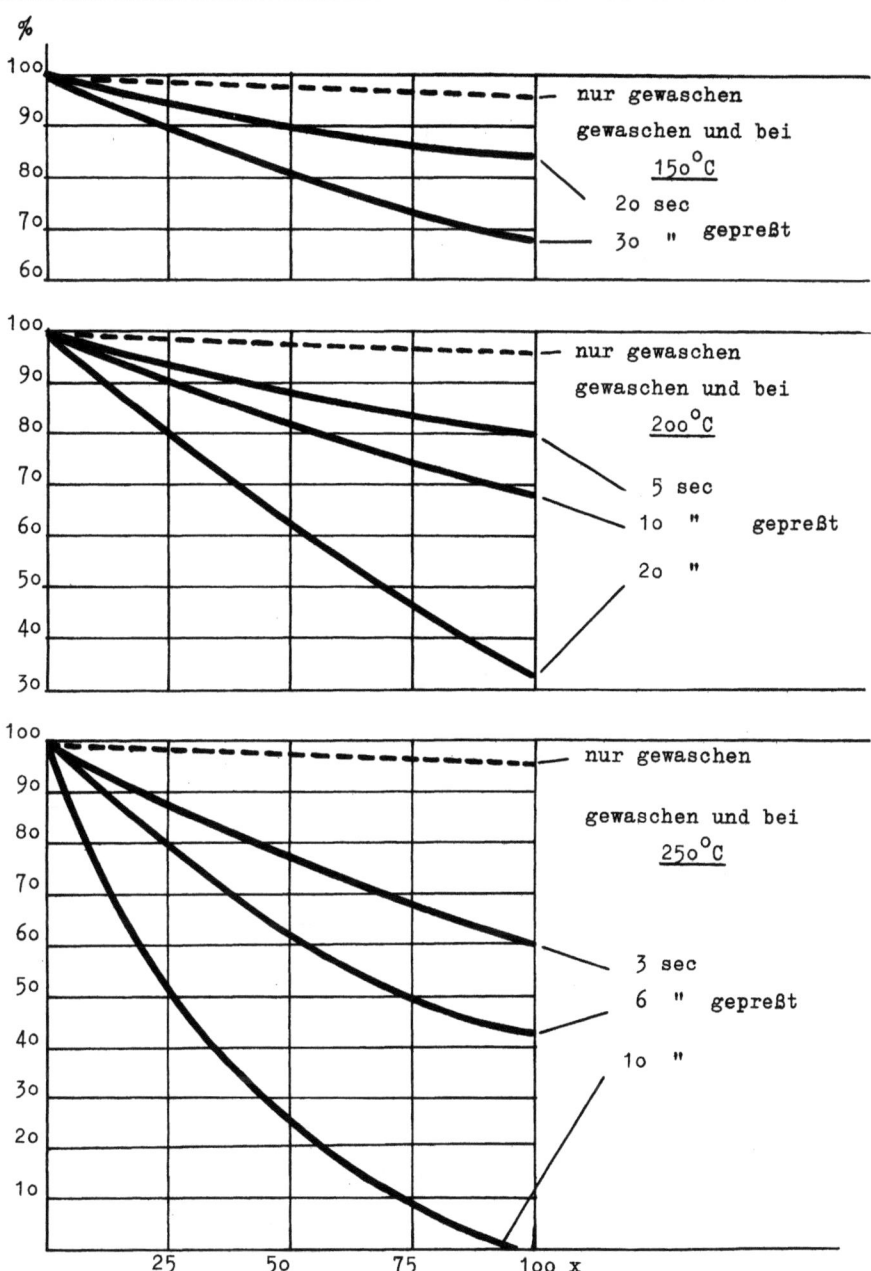

Abbildung 13
Naßfestigkeit in % des Ausgangswertes (1 mal gewaschen)
in Abhängigkeit von der Behandlungszahl
Zellwolle

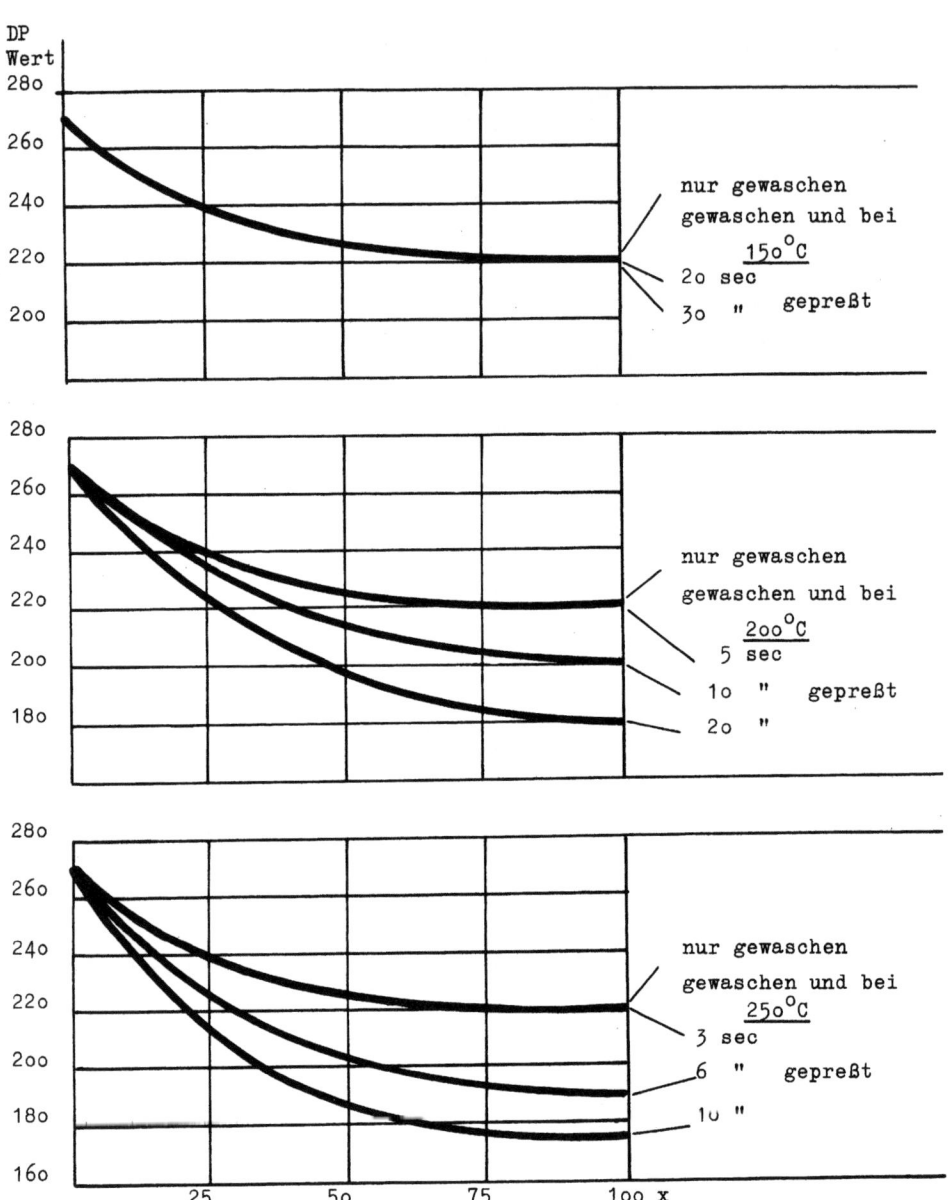

Abbildung 14
DP - Werte in Abhängigkeit von der Behandlungszahl
Zellwolle

thermischer Beanspruchung. Bei 200° C und noch mehr bei 250° C ist ein solcher Abbau jedoch deutlich zu erkennen.

Z.B. beträgt der aus dem DP zu errechnende Schädigungsfaktor bezogen auf das nur gewaschene Gewebe, für 100 mal gewaschenes und bei 200° C, 20 sec gepreßtes Gewebe 0,9, für 100 mal gewaschenes und bei 250° C 10 sec gepreßtes Gewebe 1,1.

Abbildung 15 und 16 bringen für Standard - Baumwolle Naßreißfestigkeit und Naßscheuerzahlen in % der Ausgangswerte (1 mal gewaschen) nach 25, 50, 75 und 100 maliger Behandlung bei verschiedenen Temperaturen und Preßzeiten. Der Ausgangswert der Naßscheuerzahl für das Baumwollgewebe beträgt 500 bei 700 g Vorlast.

Die Art der Behandlung war die gleiche wie bei der Zellwolle. Eine Preßtemperatur von 150° C zeigte auch hier noch keinen nennenswerten Abfall der Naßfestigkeit. Dagegen sprechen die Scheuerzahlen schon deutlich an.

1. Beispiel: Bei 100 Behandlungen, 150° C und 30 sec ist die Scheuerzahl für die nur gewaschene Probe von 94 % auf 62 % des Ausgangswertes für die gewaschene und gepreßte Probe abgefallen.

2. Beispiel: Bei 100 Behandlungen, 200° C und 20 sec ist die Scheuerzahl für die ungewaschene Probe von 94 % auf 30 % des Ausgangswertes für die gewaschene und gepreßte Probe abgefallen.

Die entsprechenden Reißwerte sind 94 % und 60 % des Ausgangswertes. Die gleiche Tendenz läßt sich bei einer Preßtemperatur von 250° C erkennen.

Die Tatsache der größeren Empfindlichkeit der Scheuerwerte bei thermischer Beanspruchung von Geweben läßt darauf schließen, daß das Fasermaterial durch die Wärmebehandlung versprödet ist, so daß es besonders für die Reibungsbeanspruchung empfindlich wird, während die Reißfestigkeit weniger darauf anspricht. Hier sei noch bemerkt, daß, wie Kontrollmessungen ergaben, das Zugdehnungsverhalten durch die thermische Beanspruchung ebenfalls nur wenig beeinflußt wird. Dies ist darauf zurückzuführen, daß für die Zugdehnung eines Gewebes in erster Linie der Faser- und Fadenverband und weniger der Faserzustand verantwortlich ist, vorausgesetzt, daß die Faserschädigung nicht zu weit fortgeschritten ist.

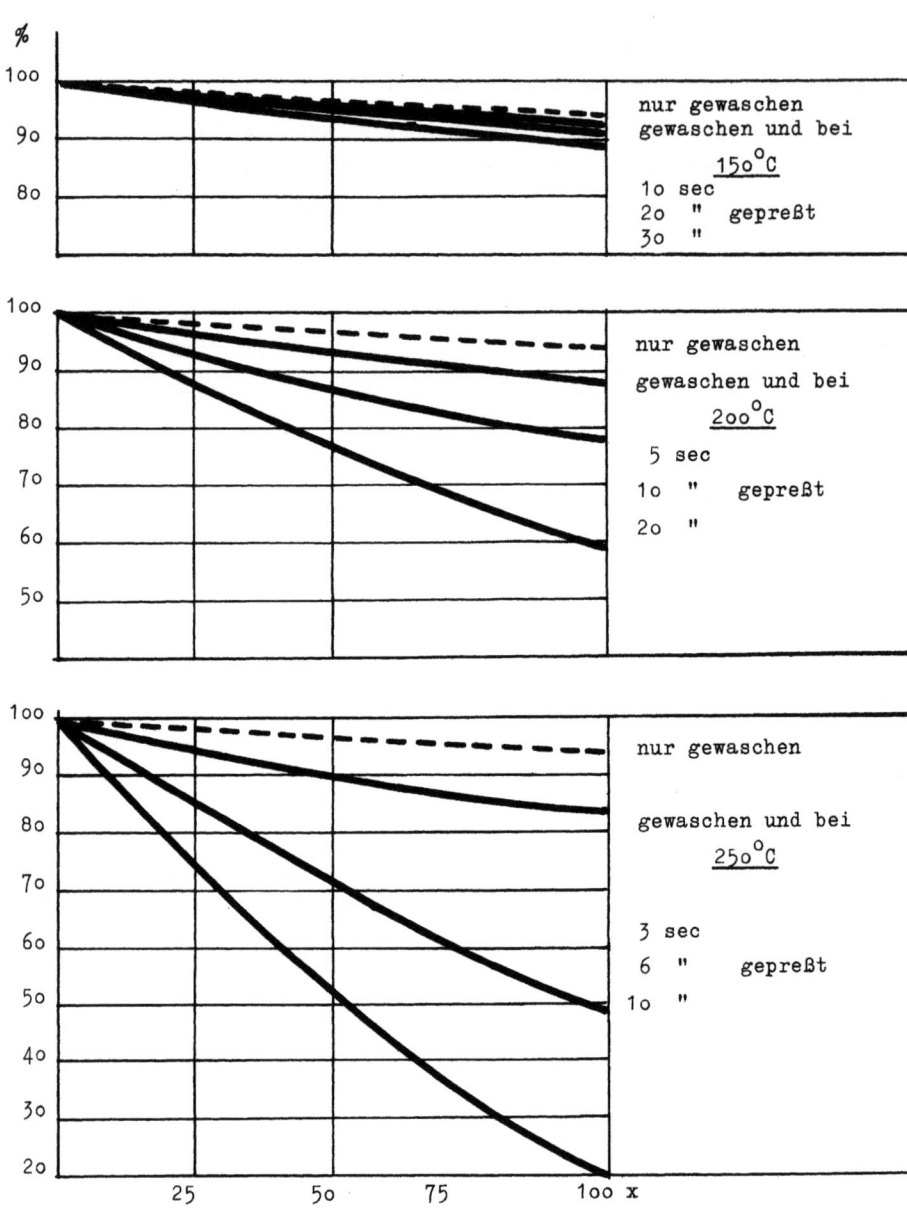

Abbildung 15

Naßfestigkeit in % des Ausgangswertes (1 mal gewaschen)
in Abhängigkeit von der Behandlungszahl

Baumwolle

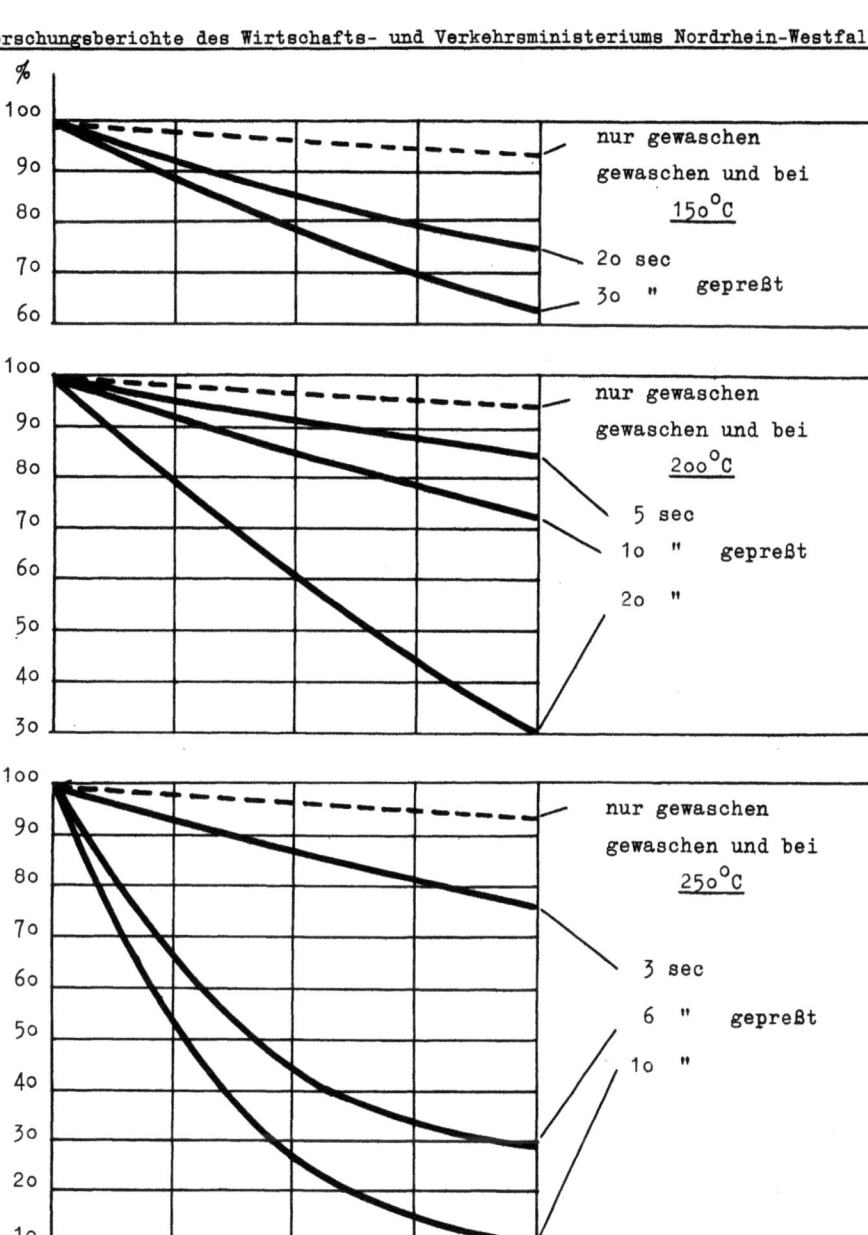

Abbildung 16

Naßscheuerzahlen in % des Ausgangswertes (1 mal gewaschen) in Abhängigkeit von der Behandlungszahl

Baumwolle

Abbildung 17 bringt den DP - Abfall der unter den vorstehenden Bedingungen behandelten Baumwollproben in Abhängigkeit von den Wiederholungen. Die Tendenz ist die gleiche wie bei der Zellwolle. Eine Temperatur von 150° C bringt ebenfalls keinen merklichen Faserabbau, der dann aber bei 200 und 250° C deutlich hervortritt.

Z.B. beträgt der Schädigungsfaktor für 100 mal gewaschenes und jedesmal 20 sec bei 200° C gepreßtes Gewebe 0,9; für 100 mal gewaschenes und jedesmal 10 sec bei 250° C gepreßtes Gewebe 1,4.

Abbildung 18 gibt einen Überblick über die Gewebeschädigung von Baumwolle in Abhängigkeit von der Preßtemperatur. Auch läßt sie uns eine Gewebeschädigung von Zellwolle erkennen. Die Schädigung findet ihren Ausdruck in einer Festigkeits-, Scheuerzahl- und DP-Wertabnahme. Es wurden dabei gleiche Behandlungszahlen zugrunde gelegt (50 Wiederholungen).

Man erkennt einen mehr oder weniger steilen Abfall der drei Meßgrößen mit der Temperatur. Während im Bereich von 150 - 200° C die Schädigung noch verhältnismäßig gering ist, fallen die Kurven über 200° C zunehmend steil ab. Die Ursache liegt in der Hauptsache darin, daß bei höheren Temperaturen bei festgehaltener Preßzeit die reine Trockenzeit zunehmend überschritten wird, und somit eine Übertrocknung der Gewebe stattfindet.

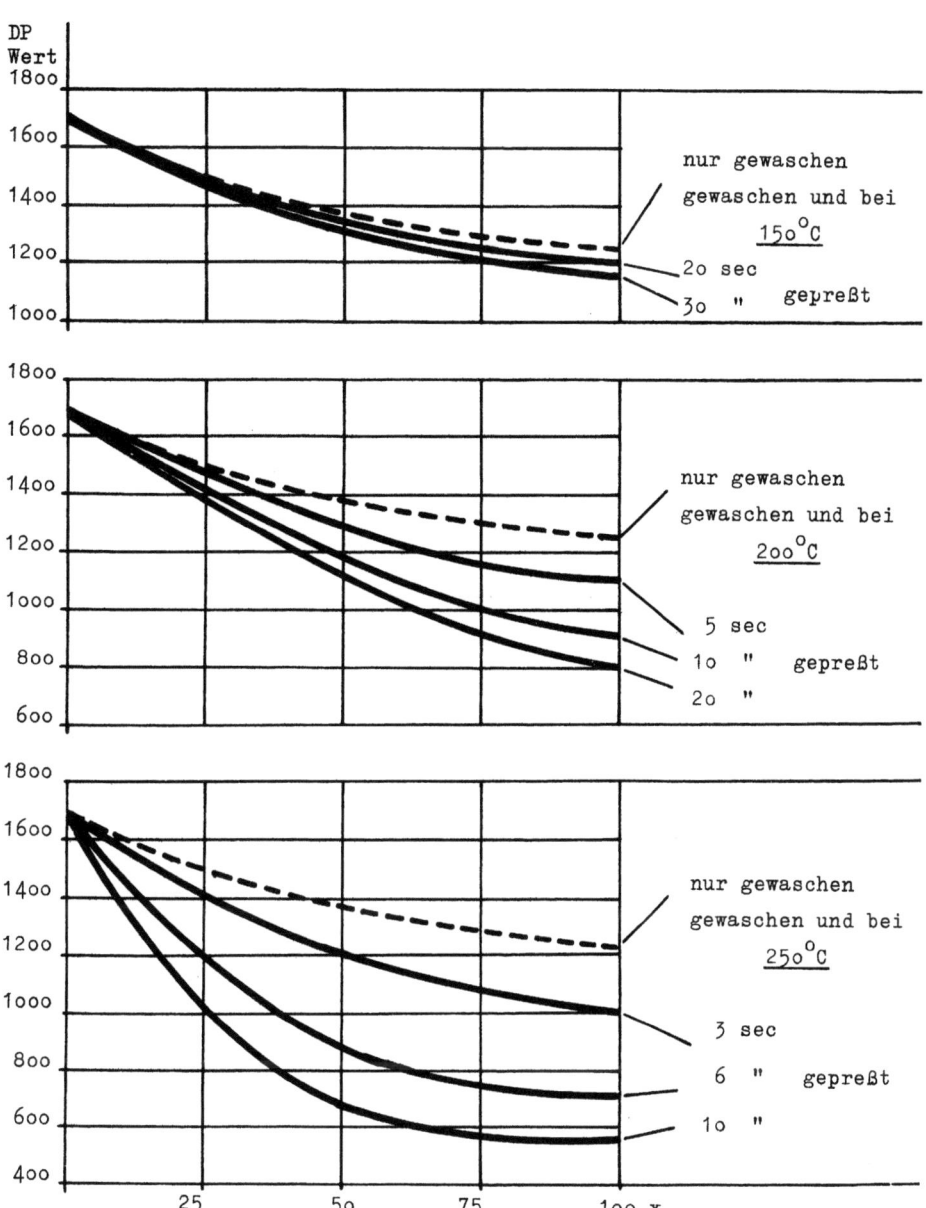

Abbildung 17
DP - Werte in Abhängigkeit von der Behandlungszahl
Baumwolle

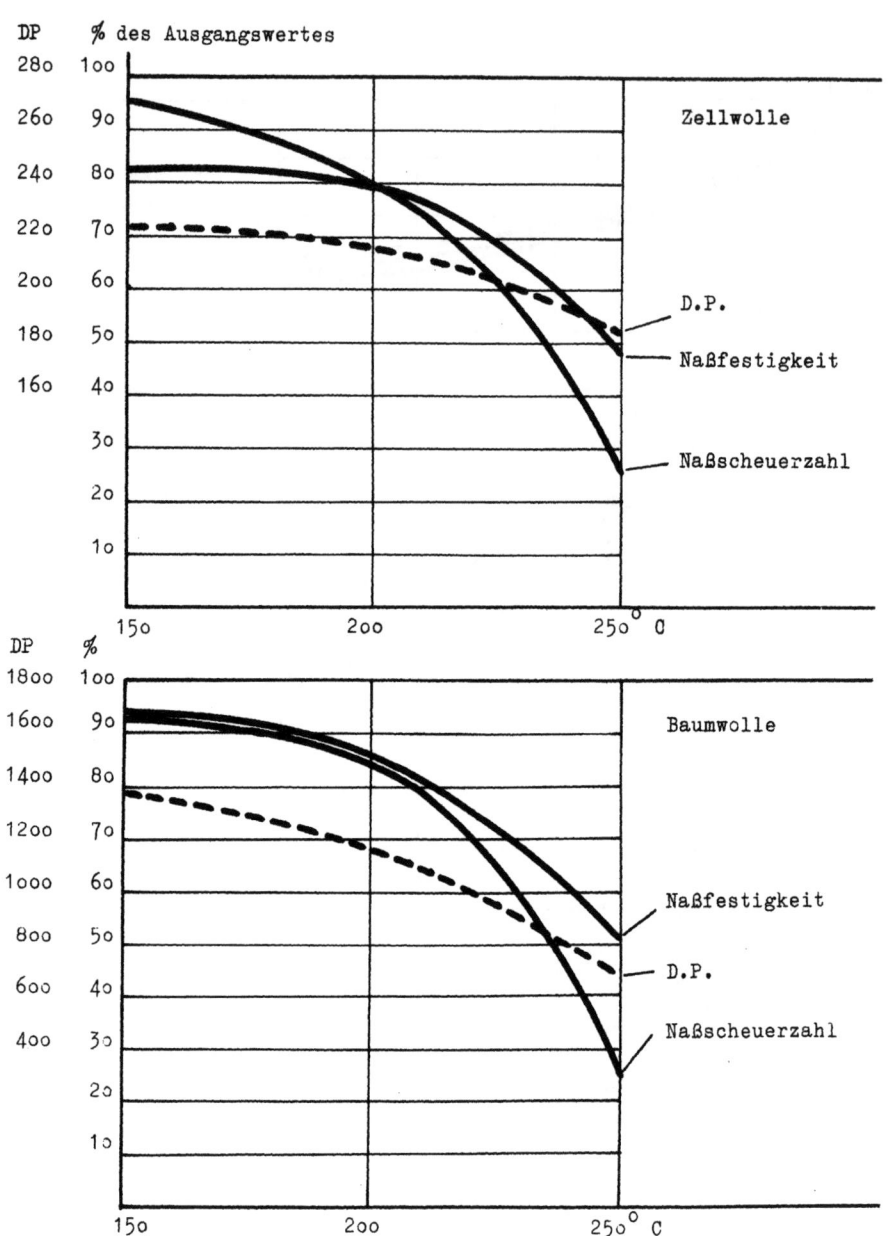

Abbildung 18

Naßfestigkeiten (%) Naßscheuerzahlen (%) und DP-Werte in Abhängigkeit von der Preßtemperatur (Gewebe 5o x gewaschen und 5o x 1o sec gepreßt).

V. Zusammenfassung

Die vorstehenden Versuche sollten zur Klärung der Zusammenhänge bei der Kontakttrocknung von Wäsche, wie sie beim Bügeln, Pressen und Mangeln in Frage kommt, beitragen.

Im einzelnen wurde der Einfluß von folgenden Faktoren untersucht: Temperatur, Zeit, Preßdruck, Feuchtigkeitsgehalt des Stoffes, Faserart, Stoffart (Gewebe, Gewirke), Einschicht-, Mehrschichtgewebe und m^2-Gewicht des Gewebes auf den Trocknungsvorgang (Trockengeschwindigkeit), das Sengverhalten der Wäschestoffe und die Wäschebeanspruchung. Die beiden wichtigsten Faktoren sind <u>Temperatur</u> und <u>Zeit.</u> Hohe Temperaturen ergeben kurze Trockenzeiten, weil die Feuchtigkeit schnell verdampft. Andererseits verlangen sie kurze Preßzeiten, damit ein Sengen gerade noch vermieden werden kann. Mit größer werdendem Feuchtigkeitsgehalt vergrößert sich die Trockenzeit praktisch im gleichen Maß.

Die Sengzeiten vergrößern sich bei hohen Temperaturen wenig, bei niedrigen Temperaturen mehr. Bei großer Feuchte, schwerem Gewebe bzw. Mehrschicht-Gewebe und hohen Temperaturen kann die Sengzeit kürzer sein als die Trockenzeit, d.h. das Gewebe sengt schon, bevor es trocken ist. Man ist daher gezwungen, schwere Gewebe und Mehrschicht-Gewebe mit niedriger Temperatur und längerer Preßzeit zu trocknen.

Da in den meisten Fällen die Wäsche unterschiedlich (nach Faserart und Feuchtigkeitsgehalt) ist, muß man die Trockentemperatur so wählen, daß das schwerste Gewebe gerade noch ohne Sengen trocken wird. Bei Wäschestücken wie Kittel, Hemden usw., an denen das Gewebe stellenweise (Kragen, Manschetten) mehrschichtig vorliegt, ist keine einheitliche Trocknung zu erzielen. Meistens werden hierbei die einschichtigen Partien übertrocknet.

Der Einfluß des Preßdruckes macht sich besonders bei kleinen Preßdrücken unter 0,04 kg/cm^2 durch eine lange Trockenzeit bemerkbar. Über 0,04 kg/cm^2 nimmt die Trockenzeit nahezu stetig mit dem Preßdruck ab. Die Abnahme ist jedoch verhältnismäßig gering. Der Einfluß der Faserart (Baumwolle, Zellwolle, Leinen) auf die Trockengeschwindigkeit und das Sengverhalten ist praktisch gering, ebenso spielt die Art des Gewebes oder Gewirkes eine geringe Rolle.

Die Wäschebeanspruchung läßt sich aus den Meßwerten des Zugversuchs, der Knickscheuerung und der DP-Bestimmung beurteilen. Man erkennt, daß die Kontakttrocknung unter bestimmten Umständen erhebliche Gewebeschädigungen bringen kann. Diese Schädigung ist aber keinesfalls als unvermeidbar hinzunehmen, auch nicht bei hohen Preßtemperaturen, wenn die reine Trockenzeit nicht überschritten bzw. ein Übertrocknen der Gewebe vermieden wird.

Solange noch Feuchtigkeit aus dem Gewebe verdampft, ist praktisch keine Schädigung thermischer Art zu befürchten, da die Temperaturen hierbei $100°$ C nicht überschreiten. Die Gefahr einer Schädigung, die bei Überschreitung der reinen Trockenzeit besteht, wächst mit der Preßtemperatur und der Preßzeit.

So wird beispielsweise für Baumwolle ein bestimmter Scheuerzahlabfall bei $150°$ C nach einer Preßzeit von 20 sec, bei $200°$ C bereits nach 10 sec und bei $250°$ C schon nach 3,5 sec erreicht. Das heißt also, je höher man die Preßtemperatur wählt, desto genauer muß die Preßzeit eingehalten werden, um ein Übertrocknen der Gewebe mit Sicherheit zu vermeiden.

Wie aus den Scheuerzahlen zu schließen ist, führt Übertrocknung zu einer Versprödung des Fasermaterials und somit zu einer Herabsetzung des Widerstandes gegen Scheuerbeanspruchung.

Bemerkenswert ist, daß schon Temperaturen von $150°$ C ein deutliches Absinken der Scheuerzahlen bei höheren Preßzeiten bringen, während die Zugfestigkeit diese Tendenz noch nicht zeigt. Es sind dies Temperaturen, wie sie in der Praxis bei Verwendung von Hochdruckdampf 8 atü allgemein angewendet werden. Die Preßzeiten bzw. Durchlaufzeiten liegen hierbei oft über der reinen Trockenzeit. Sie bewegen sich in der Größenordnung von 15 - 30 sec, so daß also für Einschicht- und dünne Gewebe in vielen Fällen bereits ein Übertrocknen stattfindet, besonders dann, wenn beim Mangeln zur Erzeugung eines besonders guten Glanzes einschichtige Wäschestücke zweimal durchgelassen werden. Rein äußerlich ist an dem Wäschestück bei Temperaturen um $150°$ C auch bei Übertrocknung nichts festzustellen. Eine Sengverfärbung tritt bei den angewendeten Preßzeiten bis 30 sec nicht auf. Erst bei Temperaturen von $200°$ C und erst recht von $250°$ C stellt sich schon bei verhältnismäßig geringer Überschreitung der reinen Trockenzeit eine mehr oder weniger scharfe Sengverfärbung ein, die eine Ablieferung des Wäschestückes an den Kunden nicht mehr gestattet.

Forschungsberichte des Wirtschafts- und Verkehrsministeriums Nordrhein-Westfalen

Die Frage, ob es möglich ist, die Oberflächentemperatur der Kontakttrockner wie Mangeln und Pressen über 150° C zu erhöhen, ist nicht allgemein mit Ja zu beantworten, sondern muß von Fall zu Fall entschieden werden. Bei Trocknung von großen Mengen gleichartiger Wäschestücke (z.B. Betttücher, Handtücher usw.) ist die Frage ohne weiteres zu bejahen. Die Einstellung bestimmter Preßzeiten bzw. Durchlaufzeiten zur Verhütung von Gewebeschäden läßt sich maschinell ohne Schwierigkeiten durchführen. Auf diese Weise ist eine nicht unerhebliche Leistungssteigerung des Trockengerätes zu erzielen, dessen volle Ausnützung dann jedoch erst bei maschineller Beschickung erreicht wird. Der Handbeschickung ist durch die Geschicklichkeit des Bedienungspersonals Grenzen gesetzt. So wird von einem Fall aus der Praxis berichtet, wo man eine Mangel mit Hochdruckdampf von 12 atü (effektive Temperatur etwa 175° C) und einer Umfangsgeschwindigkeit von ca. 2o m/min betreibt. Das Bedienungspersonal muß dabei jede halbe Stunde ausgetauscht werden, um eine gute Ausnutzung der Mangel zu erreichen. Grundsätzlich kann gesagt werden, daß die Ausnutzung eines mit hoher Temperatur betriebenen Trockengerätes in entscheidendem Maß von der richtigen Organisation abhängt. (Zeichnen der Wäsche, Aufteilung der Posten, Transporteinrichtungen, Fließbandsystem usw.).

Bei ungleichartiger Wäsche - dicke und dünne sowie kleine und große Stücke - ist eine Erhöhung der Preßtemperatur über 15o° C nicht ohne weiteres zu empfehlen, da das Trockengerät teilweise nur schlecht ausgenutzt werden kann. Außerdem kommt hinzu, daß hierbei die Maschinenbezüge wie Mangeltücher, Preßtücher usw., infolge der großen Wärmebeanspruchung sehr schnell verschleißen, da die Gleichmäßigkeit der Abkühlung durch die Wäsche nicht gewährleistet ist. Grundsätzlich ist jedoch auch hier eine Temperaturerhöhung möglich, wenn das Bedienungspersonal sehr geschickt arbeitet.

Dr.-Ing. O. V I E R T E L
Dipl.-Ing. H. S C H M I D T
Wäschereiforschung Krefeld

Literatur:

Dr.-Ing. H. PIEST: "Über die Beeinflussung der Wäsche in der Heißmangel"

FORSCHUNGSBERICHTE
DES WIRTSCHAFTS- UND VERKEHRSMINISTERIUMS
NORDRHEIN-WESTFALEN

Herausgegeben von Staatssekretär Prof. Leo Brandt

Heft 1:
Prof. Dr.-Ing. Eugen Flegler, Aachen,
Untersuchungen oxydischer Ferromagnet-Werkstoffe

Heft 2:
Prof. Dr. phil. Walter Fuchs, Aachen,
Untersuchungen über absatzfreie Teeröle

Heft 3:
Techn.-Wissenschaftl. Büro für die Bastfaserindustrie, Bielefeld,
Untersuchungsarbeiten zur Verbesserung des Leinenwebstuhls

Heft 4:
Prof. Dr. E. A. Müller u. Dipl.-Ing. H. Spitzer, Dortmund,
Untersuchungen über die Hitzebelastung in Hüttenbetrieben

Heft 5:
Dipl.-Ing. Werner Fister, Aachen,
Prüfstand der Turbinenuntersuchungen

Heft 6:
Prof. Dr. phil. Walter Fuchs, Aachen,
Untersuchungen über die Zusammensetzung und Verwendbarkeit von Schwelteerfraktionen

Heft 7:
Prof. Dr. phil. Walter Fuchs, Aachen,
Untersuchungen über emsländisches Petrolatum

Heft 8:
Maria Elisabeth Meffert und Heinz Stratmann, Essen
Algen-Großkulturen im Sommer 1951

Heft 9:
Techn.-Wissenschaftl. Büro für die Bastfaserindustrie, Bielefeld,
Untersuchungen über die zweckmäßige Wicklungsart von Leinengarnkreuzspulen unter Berücksichtigung der Anwendung hoher Geschwindigkeiten des Garnes
Vorversuche für Zetteln und Schären von Leinengarnen auf Hochleistungsmaschinen

Heft 10:
Prof. Dr. Wilhelm Vogel, Köln,
„Das Streifenpaar" als neues System zur mechanischen Vergrößerung kleiner Verschiebungen und seine technischen Anwendungsmöglichkeiten

Heft 11:
Laboratorium für Werkzeugmaschinen und Betriebslehre, Technische Hochschule Aachen,
1. Untersuchungen über Metallbearbeitung im Fräsvorgang mit Hartmetallwerkzeugen und negativem Spanwinkel
2. Weiterentwicklung des Schleifverfahrens für die Herstellung von Präzisionswerkstücken unter Vermeidung hoher Temperaturen
3. Untersuchung von Oberflächenveredlungsverfahren zur Steigerung der Belastbarkeit hochbeanspruchter Bauteile

Heft 12:
Elektrowärme-Institut, Langenberg (Rhld.),
Induktive Erwärmung mit Netzfrequenz

Heft 13:
Techn.-Wissenschaftl. Büro für die Bastfaserindustrie, Bielefeld,
Das Naßspinnen von Bastfasergarnen mit chemischen Zusätzen zum Spinnbad

Heft 14:
Forschungsstelle für Acetylen, Dortmund,
Untersuchungen über Aceton als Lösungsmittel für Acetylen

Heft 15:
Wäschereiforschung Krefeld,
Trocknen von Wäschestoffen

Heft 16:
Max-Planck-Institut für Kohlenforschung, Mülheim a. d. Ruhr,
Arbeiten des MPI für Kohlenforschung

Heft 17:
Ingenieurbüro Herbert Stein, M. Gladbach,
Untersuchung der Verzugsvorgänge in den Streckwerken verschiedener Spinnereimaschinen. 1. Bericht: Vergleichende Prüfung mit verschiedenen Dickenmeßgeräten

Heft 18:
Wäschereiforschung Krefeld,
Grundlagen zur Erfassung der chemischen Schädigung beim Waschen

Heft 19:
Techn.-Wissenschaftl. Büro für die Bastfaserindustrie, Bielefeld,
Die Auswirkung des Schlichtens von Leinengarnketten auf den Verarbeitungswirkungsgrad, sowie die Festigkeits- und Dehnungsverhältnisse der Garne und Gewebe

Heft 20:
Techn.-Wissenschaftl. Büro für die Bastfaserindustrie, Bielefeld,
Trocknung von Leinengarnen I
Vorgang und Einwirkung auf die Garnqualität

Heft 21:
Techn.-Wissenschaftl. Büro für die Bastfaserindustrie, Bielefeld,
Trocknung von Leinengarnen II
Spulenanordnung und Luftführung beim Trocknen von Kreuzspulen

Heft 22:
Techn.-Wissenschaftl. Büro für die Bastfaserindustrie, Bielefeld,
Die Reparaturanfälligkeit von Webstühlen

Heft 23:
Institut für Starkstromtechnik, Aachen,
Rechnerische und experimentelle Untersuchungen zur Kenntnis der Metadyne als Umformer von konstanter Spannung auf konstanten Strom

Heft 24:
Institut für Starkstromtechnik, Aachen,
Vergleich verschiedener Generator-Metadyne-Schaltungen in bezug auf statisches Verhalten

Heft 25:
Gesellschaft für Kohlentechnik mbH., Dortmund-Eving,
Struktur der Steinkohlen und Steinkohlen-Kokse

Heft 26:
Techn.-Wissenschaftl. Büro für die Bastfaserindustrie, Bielefeld,
Vergleichende Untersuchungen zweier neuzeitlicher Ungleichmäßigkeitsprüfer für Bänder und Garne hinsichtlich Ihrer Eignung für die Bastfaserspinnerei

Heft 27:
Prof. Dr. E. Schratz, Münster,
Untersuchungen zur Rentabilität des Arzneipflanzenanbaues
Römische Kamille, Anthemis nobilis L.

Heft 28:
Prof. Dr. E. Schratz, Münster,
Calendula officinalis L.
Studien zur Ernährung, Blütenfüllung und Rentabilität der Drogengewinnung

Heft 29:
Techn.-Wissenschaftl. Büro für die Bastfaserindustrie, Bielefeld,
Die Ausnützung der Leinengarne in Geweben

Heft 30:
Gesellschaft für Kohlentechnik mbH., Dortmund-Eving,
Kombinierte Entaschung und Verschwelung von Steinkohle; Aufarbeitung von Steinkohlenschlämmen zu verkokbarer oder verschwelbarer Kohle

Heft 31:
Dipl.-Ing. Störmann, Essen,
Messung des Leistungsbedarfs von Doppelsteg-Kettenförderern

Heft 32:
Techn.-Wissenschaftl. Büro für die Bastfaserindustrie, Bielefeld,
Der Einfluß der Natriumchloridbleiche auf Qualität und Verwebbarkeit von Leinengarnen und die Eigenschaften der Leinengewebe unter besonderer Berücksichtigung des Einsatzes von Schützen- und Spulenwechselautomaten in der Leinenweberei

Heft 33:
Kohlenstoffbiologische Forschungsstation e. V.,
Eine Methode zur Bestimmung von Schwefeldioxyd und Schwefelwasserstoff in Rauchgasen und in der Atmosphäre

Heft 34:
Textilforschungsanstalt Krefeld,
Quellungs- und Entquellungsvorgänge bei Faserstoffen

Heft 35:
Professor Dr. Wilhelm Kast, Krefeld,
Feinstrukturuntersuchungen an künstlichen Zellulosefasern verschiedener Herstellungsverfahren

Heft 36:
Forschungsinstitut der feuerfesten Industrie, Bonn,
Untersuchungen über die Trocknung von Rohton. Untersuchungen über die chemische Reinigung von Silika- und Schamotte-Rohstoffen mit chlorhaltigen Gasen

Heft 37:
Forschungsinstitut der feuerfesten Industrie, Bonn,
Untersuchungen über den Einfluß der Probenvorbereitung auf die Kaltdruckfestigkeit feuerfester Steine

Heft 38:
Forschungsstelle für Acetylen, Dortmund,
Untersuchungen über die Trocknung von Acetylen zur Herstellung von Dissousgas

Heft 39:
Forschungsgesellschaft Blechverarbeitung e. V., Düsseldorf,
Untersuchungen an prägegemusterten und vorgelochten Blechen

Heft 40:
Landesgeologe Dr.-Ing. W. Wolff, Amt für Bodenforschung, Krefeld,
Untersuchungen über die Anwendbarkeit geophysikalischer Verfahren zur Untersuchung von Spateisengängen im Siegerland

Heft 41:
Techn.-Wissenschaftl. Büro für die Bastfaserindustrie, Bielefeld,
Untersuchungsarbeiten zur Verbesserung des Leinenwebstuhles II

Heft 42:
Professor Dr. Burckhardt Helferich, Bonn,
Untersuchungen über Wirkstoffe — Fermente — in der Kartoffel und die Möglichkeit ihrer Verwendung

Heft 43:
Forschungsgesellschaft Blechverarbeitung e. V., Düsseldorf,
Forschungsergebnisse über das Beizen von Blechen

Heft 44:
Arbeitsgemeinschaft für praktische Dehnungsmessung, Düsseldorf,
Eigenschaften und Anwendungen von Dehnungsmeßstreifen

Heft 45:
Losenhausenwerk Düsseldorfer Maschinenbau AG., Düsseldorf,
Untersuchungen von störenden Einflüssen auf die Lastgrenzenanzeige von Dauerschwingprüfmaschinen

Heft 46:
Professor Dr. phil. W. Fuchs, Aachen,
Untersuchungen über die Aufbereitung von Wasser für die Dampferzeugung in Benson-Kesseln

Heft 47:
Prof. Dr.-Ing. habil. Karl Krekeler, Aachen,
Versuche über die Anwendung der induktiven Erwärmung zum Sintern von hochschmelzenden Metallen sowie zur Anlegierung und Vergütung von aufgespritzten Metallschichten mit dem Grundwerkstoff.

Heft 48:
Max-Planck-Institut für Eisenforschung, Düsseldorf,
Spektrochemische Analyse der Gefügebestandteile in Stählen nach ihrer Isolierung

Heft 49:
Max-Planck-Institut für Eisenforschung, Düsseldorf,
Untersuchungen über Ablauf der Desoxydation und die Bildung von Einschlüssen in Stählen

Heft 50:
Max-Planck-Institut für Eisenforschung, Düsseldorf,
Flammenspektralanalytische Untersuchung der Ferritzusammensetzung in Stählen

Heft 51:
Verein zur Förderung von Forschungs- und Entwicklungsarbeiten in der Werkzeugindustrie e. V., Remscheid,
Untersuchungen an Kreissägeblättern für Holz, Fehler- und Spannungsprüfverfahren

Heft 52:
Forschungsstelle für Azetylen, Dortmund,
Untersuchungen über den Umsatz bei der explosiblen Zersetzung von Azetylen
  a) Zersetzung von gasförmigem Azetylen,
  b) Zersetzung von an Silikagel adsorbiertem Azetylen

Heft 53:
Professor Dr.-Ing. H. Opitz, Aachen,
Reibwert- und Verschleißmessungen an Kunststoffgleitführungen für Werkzeugmaschinen

Heft 54:
Professor Dr.-Ing. habil. F. A. F. Schmidt, Aachen,
Schaffung von Grundlagen für die Erhöhung der spez. Leistung und Herabsetzung des spez. Brennstoffverbrauches bei Ottomotoren mit Teilbericht über Arbeiten an einem neuen Einspritzverfahren

Heft 55:
Forschungsgesellschaft Blechverarbeitung, Düsseldorf,
Chemisches Glänzen von Messing und Neusilber

Heft 56:
Forschungsgesellschaft Blechverarbeitung, Düsseldorf,
Untersuchungen über einige Probleme der Behandlung von Blechoberflächen

Heft 57:
Prof. Dr.-Ing. habil. F. A. F. Schmidt, Aachen,
Untersuchungen zur Erforschung des Einflusses des chemischen Aufbaues des Kraftstoffes auf sein Verhalten im Motor und in Brennkammern von Gasturbinen.

Heft 58:
Gesellschaft für Kohlentechnik m. b. H., Dortmund,
Herstellung und Untersuchung von Steinkohlenschwelteer.

Heft 59:
Forschungsinstitut der Feuerfest-Industrie, Bonn,
Ein Schnellanalysenverfahren zur Bestimmung von Aluminiumoxyd, Eisenoxyd und Titanoxyd in feuerfestem Material mittels organischer Farbreagenzien auf photometrischem Wege
Untersuchungen des Alkali-Gehaltes feuerfester Stoffe mit dem Flammenphotometer nach Riehm-Lange

Heft 60:
Forschungsgesellschaft Blechverarbeitung e. V., Düsseldorf,
Untersuchungen über das Spritzlackieren im elektrostatischen Hochspannungsfeld

Heft 61:
Verein zur Förderung von Forschungs- und Entwicklungsarbeiten in der Werkzeugindustrie e. V., Remscheid,
Schwingungs- und Arbeitsverhalten von Kreissägeblättern für Holz

Heft 62:
Professor Dr. W. Franz, Institut für theoretische Physik der Universität Münster,
Berechnung des elektrischen Durchschlags durch feste und flüssige Isolatoren

Heft 63:
Textilforschungsanstalt Krefeld,
Neue Methoden zur Untersuchung der Wirkungsweise von Textilhilfsmitteln
Untersuchungen über Schlichtungs- und Entschlichtungsvorgänge

Heft 64:
Textilforschungsanstalt Krefeld,
Die Kettenlängenverteilung von hochpolymeren Faserstoffen
Über die fraktionierte Fällung von Polyamiden

Heft 65:
Fachverband Schneidwarenindustrie, Solingen
Untersuchungen über das elektrolytische Polieren von Tafelmesserklingen aus rostfreiem Stahl

Heft 66:
Dr.-Ing. Peter Füsgen VDI †, Düsseldorf
Untersuchungen über das Auftreten des Ratterns bei selbsthemmenden Schneckengetrieben und seine Verhütung

Heft 67:
Heinrich Wösthoff o. H. G., Apparatebau, Bochum, Entwicklung einer chemisch-physikalischen Apparatur zur Bestimmung kleinster Kohlenoxyd-Konzentrationen

Heft 68:
Kohlenstoffbiologische Forschungsstation e. V., Essen
Algengroßkulturen im Sommer 1952
II. Über die unsterile Großkultur von Scenedesmus obliquus

Heft 69:
Wäschereiforschung Krefeld
Bestimmung des Faserabbaues bei Leinen unter besonderer Berücksichtigung der Leinengarnbleiche

Heft 70:
Wäschereiforschung Krefeld
Trocknen von Wäschestoffen

Heft 71:
Prof. Dr.-Ing. K. Leist, Aachen
Kleingasturbinen, insbesondere zum Fahrzeugantrieb

Heft 72:
Prof. Dr.-Ing. K. Leist, Aachen
Beitrag zur Untersuchung von stehenden geraden Turbinengittern mit Hilfe von Druckverteilungsmessungen

Heft 73:
Prof. Dr.-Ing. K. Leist, Aachen
Spannungsoptische Untersuchungen von Turbinenschaufelfüßen

Heft 74:
Max-Planck-Institut für Eisenforschung, Düsseldorf
Versuche zur Klärung des Umwandlungsverhaltens eines sonderkarbidbildenden Chromstahls

Heft 75:
Max-Planck-Institut für Eisenforschung, Düsseldorf
Zeit-Temperatur-Umwandlungs-Schaubilder als Grundlage der Wärmebehandlung der Stähle

Heft 76:
Max-Planck-Institut für Arbeitsphysiologie, Dortmund
Arbeitstechnische und arbeitsphysiologische Rationalisierung von Mauersteinen

Heft 77:
Meteor Apparatebau Paul Schmeck G. m. b. H., Siegen
Entwicklung von Leuchtstoffröhren hoher Leistung

VERÖFFENTLICHUNGEN
DER ARBEITSGEMEINSCHAFT FÜR FORSCHUNG
DES LANDES NORDRHEIN-WESTFALEN

Im Auftrage des Ministerpräsidenten Karl Arnold
Herausgegeben von Staatssekretär Prof. Leo Brandt

Heft 1:
Prof. Dr.-Ing. Friedrich Seewald, Technische Hochschule Aachen,
Neue Entwicklungen auf dem Gebiete der Antriebsmaschinen
Prof. Dr.-Ing. Friedrich A. F. Schmidt, Technische Hochschule Aachen,
Technischer Stand und Zukunftsaussichten der Verbrennungsmaschinen, insbesondere der Gasturbinen
Dr.-Ing. R. Friedrich, Siemens-Schuckert-Werke A.-G., Mülheimer Werk,
Möglichkeiten und Voraussetzungen der industriellen Verwertung der Gasturbine

Heft 2:
Prof. Dr.-Ing. Wolfgang Riezler, Universität Bonn,
Probleme der Kernphysik
Prof. Dr. phil. Fritz Micheel, Universität Münster,
Isotope als Forschungsmittel in der Chemie und Biochemie

Heft 3:
Prof. Dr. med. Emil Lehnartz, Universität Münster,
Der Chemismus der Muskelmaschine
Prof. Dr. med. Gunther Lehmann, Direktor des Max-Planck-Instituts für Arbeitsphysiologie, Dortmund,
Physiologische Forschung als Voraussetzung der Bestgestaltung der menschlichen Arbeit
Prof. Dr. Heinrich Kraut, Max-Planck-Institut für Arbeitsphysiologie, Dortmund,
Ernährung und Leistungsfähigkeit

Heft 4:
Prof. Dr. Franz Wever, Max-Planck-Institut für Eisenforschung, Düsseldorf,
Aufgaben der Eisenforschung
Prof. Dr.-Ing. Hermann Schenck, Technische Hochschule Aachen,
Entwicklungslinien des deutschen Eisenhüttenwesens
Prof. Dr.-Ing. Max Haas, Techn. Hochschule Aachen,
Wirtschaftliche und technische Bedeutung der Leichtmetalle und ihre Entwicklungsmöglichkeiten

Heft 5:
Prof. Dr. med. Walter Kikuth, Medizinische Akademie Düsseldorf,
Virusforschung
Prof. Dr. Rolf Danneel, Universität Bonn,
Fortschritte der Krebsforschung
Prof. Dr. med. Dr. phil. W. Schulemann, Univ. Bonn,
Wirtschaftliche und organisatorische Gesichtspunkte für die Verbesserung unserer Hochschulforschung

Heft 6:
Prof. Dr. Walter Weizel, Institut für theoretische Physik, Bonn,
Die gegenwärtige Situation der Grundlagenforschung in der Physik
Prof. Dr. Siegfried Strugger, Universität Münster,
Das Duplikantenproblem in der Biologie
Prof. Dr. Rolf Danneel, Universität Bonn,
Über das Verhalten der Mitochondrien bei der Mitose der Mesenchymzellen des Hühner-Embryos
Direktor Dr. Fritz Gummert, Ruhrgas A.-G., Essen,
Überlegungen zu den Faktoren Raum und Zeit im biologischen Geschehen und Möglichkeiten einer Nutzanwendung

Heft 7:
Prof. Dr.-Ing. August Götte, Technische Hochschule Aachen,
Steinkohle als Rohstoff und Energiequelle
Prof. Dr. e. h. Karl Ziegler, Max-Planck-Institut für Kohlenforschung Mülheim a. d. Ruhr,
Über Arbeiten des Max-Planck-Instituts für Kohlenforschung

Heft 8:
Prof. Dr.-Ing. Wilhelm Fucks, Technische Hochschule Aachen,
Die Naturwissenschaft, die Technik und der Mensch
Prof. Dr. sc. pol. Walther Hoffmann, Universität Münster,
Wirtschaftliche und soziologische Probleme des technischen Fortschritts

Heft 9:
Prof. Dr.-Ing. Franz Bollenrath, Technische Hochschule Aachen,
Zur Entwicklung warmfester Werkstoffe
Dr. Heinrich Kaiser, Staatl. Materialprüfungsamt Dortmund,
Stand spektralanalytischer Prüfverfahren und Folgerung für deutsche Verhältnisse

Heft 10:
Prof. Dr. Hans Braun, Universität Bonn,
Möglichkeiten und Grenzen der Resistenzzüchtung
Prof. Dr.-Ing. Carl Heinrich Dencker, Universität Bonn,
Der Weg der Landwirtschaft von der Energieautarkie zur Fremdenergie

Heft 11:
Prof. Dr.-Ing. Herwart Opitz, Technische Hochschule Aachen,
Entwicklungslinien der Fertigungstechnik in der Metallbearbeitung
Prof. Dr.-Ing. Karl Krekeler, Technische Hochschule Aachen,
Stand und Aussichten der schweißtechnischen Fertigungsverfahren

Heft: 12
Dr. Hermann Rathert, Mitglied des Vorstandes der Vereinigten Glanzstoff-Fabriken A.-G., Wuppertal-Elberfeld,
Entwicklung auf dem Gebiet der Chemiefaser-Herstellung
Prof. Dr. Wilhelm Weltzien, Direktor der Textilforschungsanstalt Krefeld,
Rohstoff und Veredlung in der Textilwirtschaft

Heft: 13
Dr.-Ing. e. h. Karl Herz, Chefingenieur im Bundesministerium für das Post- und Fernmeldewesen Frankfurt a. Main,
Die technischen Entwicklungstendenzen im elektrischen Nachrichtenwesen
Ministerialdirektor Dipl.-Ing. Leo Brandt, Düsseldorf,
Navigation und Luftsicherung

Heft 14:
Prof. Dr. Burckhardt Helferich, Universität Bonn,
Stand der Enzymchemie und ihre Bedeutung
Prof. Dr. med. Hugo W. Knipping, Direktor der Med. Universitätsklinik Köln,
Ausschnitt aus der klinischen Carcinomforschung am Beispiel des Lungenkrebses

Heft 15:
Prof. Dr. Abraham Esau, Technische Hochschule Aachen,
Die Bedeutung von Wellenimpulsverfahren in Technik und Natur
Prof. Dr.-Ing. Eugen Flegler, Technische Hochschule Aachen,
Die ferromagnetischen Werkstoffe in der Elektrotechnik und ihre neueste Entwicklung

Heft 16:
Prof. Dr. rer. pol. Rudolf Seyffert, Universität Köln,
Die Problematik der Distribution
Prof. Dr. rer. pol. Theodor Beste, Universität Köln,
Der Leistungslohn

Heft 17:
Prof. Dr.-Ing. Friedrich Seewald, Technische Hochschule Aachen,
Die Flugtechnik und ihre Bedeutung für den allgemeinen technischen Fortschritt
Prof. Dr.-Ing. Edouard Houdremont, Essen,
Art und Organisation der Forschung in einem Industriekonzern

Heft 18:
Prof. Dr. med. Dr. phil. W. Schulemann, Universität Bonn,
Theorie und Praxis pharmakologischer Forschung
Prof. Dr. Wilhelm Groth, Direktor des Physikalisch-Chemischen Instituts, Universität Bonn,
Technische Verfahren zur Isotopentrennung

Heft 19:
Dipl.-Ing. Kurt Traenckner, Stellvertr. Vorstandsmitglied der Ruhrgas-A.G., Essen,
Entwicklungstendenzen der Gaserzeugung

Heft 21:
Prof. Dr. phil. Robert Schwarz, Aachen,
Wesen und Bedeutung der Silicium-Chemie
Prof. Dr. Kurt Alder, Universität Köln,
Fortschritte in der Synthese von Kohlenstoffverbindungen

Heft 21 a
Jahresfeier der Arbeitsgemeinschaft für Forschung des Landes Nordrhein-Westfalen am 21.5.1952 in Düsseldorf mit Ansprachen des Herrn Bundespräsidenten Professor Dr. Theodor Heuss, des Herrn Ministerpräsidenten Arnold, Frau Kultusminister Teusch, der Herren Professor Dr. Hahn, Professor Dr. Strugger, Vizepräsident Dobbert, Professor Dr. Richter, Professor Dr. Fucks.

Heft 22:
Prof. Dr. Johannes von Allesch, Universität Göttingen,
Die Bedeutung der Psychologie im öffentlichen Leben
Prof. Dr. med. Otto Graf, Max-Planck-Institut für Arbeitsphysiologie, Dortmund,
Triebfedern menschlicher Leistung

Heft 23:
Prof. Dr. phil. Dr. jur. h. c. Bruno Kuske, Universität Köln,
Probleme der Raumforschung
Prof. Dr. Dr.-Ing. e. h. Prager,
Städtebau und Landesplanung

Heft 23 a:
M. Zvegintzov, Wissenschaftliche Forschung und die Auswertung ihrer Ergebnisse. Ziel und Tätigkeit der National Research Development Corporation

Dr. Alexander King, Department of Scientific & Industrial Research, London,
Wissenschaft und internationale Beziehungen

Heft 24:
Prof. Dr. Rolf Danneel, Universität Bonn,
Über die Wirkungsweise der Erbfaktoren
Prof. Dr. K. Herzog, Medizinische Akademie Düsseldorf,
Bewegungsbedarf der menschlichen Gliedmaßengelenke bei der Berufsarbeit

Heft 25:
Prof. Dr. O. Haxel, Heidelberg,
Energiegewinnung aus Kernprozessen
Dr. Dr. Max Wolf, Düsseldorf,
Gegenwartsprobleme der energiewirtschaftlichen Forschung

Heft 26:
Prof. Dr. Friedrich Becker, Universität Bonn,
Ultrakurzwellen aus dem Weltraum, ein neues Forschungsgebiet der Astronomie
Dozent Dr. H. Straßl, Bonn,
Bemerkenswerte Doppelsterne und das Problem der Sternentwicklung

Heft 27:
Prof. Dr. Heinrich Behnke, Universität Münster,
Der Strukturwandel der Mathematik in der ersten Hälfte des 20. Jahrhunderts
Prof. Dr. E. Sperner, Bonn,
Eine mathematische Analyse der Luftdruckverteilungen in großen Gebieten

Heft 28:
Prof. Dr. O. Niemczyk, Aachen,
Die Problematik gebirgsmechanischer Vorgänge im Steinkohlenbergbau
Prof. Dr. W. Ahrens, Krefeld,
Die Bedeutung geologischer Forschung für die Wirtschaft, besonders in Nordrhein-Westfalen

Heft 29:
Prof. Dr. B. Rensch, Münster,
Das Problem der Residuen bei Lernleistungen
Prof. Dr. H. Fink, Köln,
Über Leberschäden bei der Bestimmung des biologischen Wertes verschiedener Eiweiße von Mikroorganismen

Heft 30:
Prof. Dr.-Ing. F. Seewald, Aachen,
Forschungen auf dem Gebiete der Aerodynamik
Prof. Dr.-Ing. K. Leist, Aachen,
Forschungen in der Gasturbinentechnik

Heft 31:
Direktor Dr. F. Mietzsch, Wuppertal,
Chemie und wirtschaftliche Bedeutung der Sulfonamide
Prof. Dr. G. Domagk, Wuppertal,
Die experimentellen Grundlagen der Chemotherapie der bakteriellen Infektionen

Heft 32:
Prof. Dr. Hans Braun, Universität Bonn,
Die Verschleppung von Pflanzenkrankheiten und -schädlingen über die Welt
Prof. Dr. Wilhelm Rudorf, Max-Planck-Institut für Züchtungsforschung, Voldagsen,
Der Beitrag von Genetik und Züchtung zur Bekämpfung von Viruskrankheiten der Nutzpflanzen

Heft 33:
Prof. Dr.-Ing. V. Aschoff, Aachen,
Probleme der elektroakustischen Einkanalübertragung
Prof. Dr.-Ing. H. Döring, Aachen,
Erzeugung und Verstärkung von Mikrowellen

Heft 34:
Geheimrat Prof. Dr. Rudolf Schenck, Aachen,
Bedingungen und Gang der Kohlenhydratsynthese im Licht
Prof. Dr. Emil Lehnartz, Universität Münster,
Die Endstufen des Stoffabbaus im Organismus

Heft 35:
Prof. Dr.-Ing. H. Schenk, Aachen,
Gegenwartsprobleme der Eisenindustrie in Deutschland
Prof. Dr.-Ing. E. Piwowarsky, Aachen,
Gelöste und ungelöste Probleme des Gießereiwesens

Geisteswissenschaften

Heft 1:
Prof. Dr. W. Richter, Bonn,
Die Bedeutung der Geisteswissenschaften für die Bildung unserer Zeit
Prof. Dr. J. Ritter, Münster,
Die aristotelische Lehre vom Ursprung und Sinn der Theorie

Heft 2:
Prof. Dr. J. Kroll, Köln,
Elysium
Prof. Dr. G. Jachmann, Köln,
Die vierte Ekloge Vergils

Heft 3:
Prof. Dr. H. E. Stier, Münster,
Die klassische Demokratie

Heft 4:
Prof. Dr. W. Caskel, Köln,
Lihjan und Lihjanisch. Sprache und Kultur eines früharabischen Königreiches

Heft 5:
Prof. Dr. Th. Ohm, Münster,
Stammesreligionen im südlichen Tanganyika-Territorium. — Religionswissenschaftliche Ergebnisse meiner Ostafrikareise 1951

Heft 6:
Prälat Prof. Dr. G. Schreiber, Münster,
Deutsche Wissenschaftspolitik von Bismarck bis zum Atomphysiker Otto Hahn

Heft 7:
Prof. Dr. W. Holtzmann, Bonn,
Das mittelalterliche Imperium und die werdenden Nationen

Heft 8:
Prof. Dr. W. Caskel, Köln,
Die Bedeutung der Beduinen in der Geschichte der Araber

Heft 9:
Prälat Prof. Dr. G. Schreiber, Münster,
Iroschottische und angelsächsische Kultureinflüsse im Mittelalter

Heft 10:
Prof. Dr. P. Rassow, Köln,
Forschungen zur Reichsidee im 16. und 17. Jahrhundert

Heft 11:
Prof. Dr. H. E. Stier, Münster,
Roms Aufstieg zur Weltherrschaft

Heft 12:
Prof. Dr. D. K. H. Rengstorf, Münster,
Zum Problem der Gleichberechtigung zwischen Mann und Frau auf dem Boden des Urchristentums
Prof. Dr. H. Conrad, Bonn,
Grundprobleme einer Reform des Familienrechts

Heft 13:
Professor Dr. Max Braubach, Bonn,
Der Weg zum 20. Juli 1944 — Ein Forschungsbericht

Heft 14:
Prof. Dr. Paul Hübinger, Münster
Das deutsch-französische Verhältnis und seine mittelalterlichen Grundlagen

Heft 15:
Prof. Dr. Franz Steinbach, Bonn,
Der geschichtliche Weg des wirtschaftenden Menschen in die soziale Freiheit und politische Verantwortung

Heft 16:
Prof. Dr. Josef Koch, Köln,
Die Ars coniecturalis des Nikolaus von Cues

Heft 17:
Dr. James B. Conant,
U.S.-Hochkommissar für Deutschland,
Staatsbürger und Wissenschaftler
Prof. Dr. D. Karl Heinrich Rengstorf, Münster,
Antike und Christentum

Heft 18:
Prof. Dr. Richard Alewyn, Köln,
Klopstocks Publikum

Heft 19:
Prof. Dr. Fritz Schalk, Köln,
Das Lächerliche in der französischen Literatur des Ancien Régime

Heft 20:
Prof. Dr. Ludwig Raiser, Bad Godesberg,
Präsident der Deutschen Forschungsgemeinschaft
Rechtsfragen der Mitbestimmung

Heft 21:
Prof. D. Martin Noth, Bonn,
Das Geschichtsverständnis der alttestamentlichen Apokalyptik
Prof. Dr.-Ing. Wilhelm Fucks, Aachen
Einige Probleme aus der Theorie des Sprechens, der Sprachen und des Sprechstils in mathematischer Behandlung

MIX
Papier aus verantwortungsvollen Quellen
Paper from responsible sources
FSC® C105338

If you have any concerns about our products,
you can contact us on
ProductSafety@springernature.com

In case Publisher is established outside the EU,
the EU authorized representative is:
**Springer Nature Customer Service Center GmbH
Europaplatz 3, 69115 Heidelberg, Germany**

Printed by Libri Plureos GmbH
in Hamburg, Germany